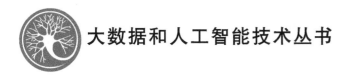

大数据和人工智能技术丛书

OpenCV 图像处理与应用

李建锋　著

U0202650

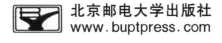

北京邮电大学出版社
www.buptpress.com

内 容 简 介

本书介绍 CV 方向工作的基础内容，以 OpenCV 为基础，介绍传统的图像处理算法，为图像处理算法工作打下坚实的基础。本书以全新版本的 OpenCV 软件中常用的核心组件模块为索引，深入浅出地介绍了 OpenCV 在图像处理中的强大功能、性能、新特性及其在林业方向的应用。在本书配套的示例代码包中，含有共计 200 多个详细注释的程序源代码与思路说明。读者可以按图索骥，按技术方向进行快速上手和深入学习。

本书可作为信息处理、计算机、机器人、人工智能、遥感图像处理、认知神经科学等相关专业的高年级学生或研究生的学习用书，也可作为相关领域的研究工作者的参考书。通过学习本书，读者可以奠定扎实的图像处理基础，运用计算机视觉相关知识和 OpenCV 构建简单的或者精巧复杂的应用程序。本书每一章都精心设计示例、程序源代码和程序运行结果，旨在方便读者边学边试验，进一步帮助读者学以致用。

图书在版编目(CIP)数据

OpenCV 图像处理与应用 / 李建锋著. - - 北京：北京邮电大学出版社，2023.7
ISBN 978-7-5635-6956-4

Ⅰ．①O⋯　Ⅱ．①李⋯　Ⅲ．①图像处理软件－程序设计　Ⅳ．①TP391.413

中国国家版本馆 CIP 数据核字(2023)第 138148 号

策划编辑：姚顺　刘纳新　**责任编辑**：姚顺　谢亚茹　**责任校对**：张会良　**封面设计**：七星博纳

出版发行：北京邮电大学出版社
社　　址：北京市海淀区西土城路 10 号
邮政编码：100876
发 行 部：电话：010-62282185　传真：010-62283578
E-mail：publish@bupt.edu.cn
经　　销：各地新华书店
印　　刷：北京虎彩文化传播有限公司
开　　本：720 mm×1 000 mm　1/16
印　　张：10.25
字　　数：193 千字
版　　次：2023 年 7 月第 1 版
印　　次：2023 年 7 月第 1 次印刷

ISBN 978-7-5635-6956-4　　　　　　　　　　　　　　　　定价：45.00 元

计算机视觉是在图像处理的基础上发展起来的新兴学科。OpenCV 是一个开源的计算机视觉处理库，是 Intel 公司资助的两大图像处理利器之一。它为图像处理、模式识别、三维重建、物体跟踪、机器学习和线性代数提供了各种各样的算法。OpenCV 在计算机视觉领域扮演着重要的角色，作为一个基于开源发行的跨平台计算机视觉库，它实现了图像处理和计算机视觉方面的很多通用算法。OpenCV 是应用广泛的开源图像处理库，本书以其为基础，介绍相关的图像处理方法，如几何变换、形态学变换、图像平滑、直方图操作、霍夫变换等；特征提取和描述方法，如理解焦点特征、Harris 和 Shi-Tomasi 算法、SIFT/SURF 算法、ORB 算法等；视频操作，如读写和追踪；提供了 2 个案例，即 OpenCV 在人脸检测中的应用和 OpenCV 在林业中的应用。

全书内容共 7 章。

第 1 章 OpenCV 简介。本章首先对图像处理进行简介，包括图像是什么、模拟图像和数字图像的概念、数字图像的表示等，然后介绍开源图像处理库 OpenCV、基于 Python 的 OpenCV 部署方法和 OpenCV 主要功能模块。

第 2 章 OpenCV 基本操作。本章分两部分进行介绍，第一部分是图像的基础操作，包括图像的 IO 操作（读取、显示、保存等）、绘制几何图像的方法（绘制直线、圆形、矩形、添加文字）、获取或修改图像中的像素点、获取图像的属性、图像通道的拆分与合并以及图像色彩空间的改变；第二部分是图像的算法操作，包括图像的加法、图像的混合操作。每一个操作都会用示例演示操作效果。

第 3 章 OpenCV 图像处理。本章系统地讲述图像处理领域的核心内容，包括图像的几何变换（缩放、平移、旋转、仿射和透射）、形态学操作（连通性概念、图像腐蚀和膨胀）、图像平滑（均值滤波、高斯滤波、中值滤波）、图像直方图、图像边缘检测、模板匹配、霍夫变换及傅里叶变换等内容。

第 4 章 图像特征提取与描述。本章介绍图像中的重要特征——角点，并用 Harris 算法和 Shi-Tomasi 算法进行图像角点检测；对 SIFT 和 SURG 算法的原理和实现、FAST 算法和 ORB 算法的原理和实现进行系统介绍。

第 5 章 视频操作。本章介绍利用 OpenCV 模块对视频文件的操作，包括视频文件的读取和播放、视频文件的保存；介绍视频追踪中的 MeanShift 算法和 Cam-Shift 算法并进行视频追踪演示，分析两种算法的优缺点和适用场景。

第 6 章 人脸检测案例。本章介绍 OpenCV 中人脸检测的方法、原理及实现步骤，为后续其他物体的检测和提取打下良好的基础。

第 7 章 OpenCV 在林业中的应用。本章介绍利用 OpenCV 对无人机拍摄的林区俯视图进行图像分析的方法，分别从林地的郁闭度、密度、林木圆形度以及林地健康状况等方面进行图像分析处理，为林地资源评估提供参考。

本书可作为信息处理、计算机、机器人、人工智能、遥感图像处理、认知神经科学等相关专业的高年级学生或研究生的学习用书，也可作为相关领域的研究工作者的参考书。通过学习本书，读者可以奠定扎实的图像处理基础，运用计算机视觉相关知识和 OpenCV 库来构建简单或者精巧、复杂的应用程序。本书每一章都精心设计示例、程序源代码和程序运行结果，旨在方便读者边学边试验，进一步帮助读者学以致用。

本书由北京工商大学专项项目（学科建设—学科专项经费—控制科学与工程）资助出版。在此，感谢北京工商大学给予的支持，感谢北京工商大学人工智能学院于重重教授、廉小亲教授、李宝河教授和高超副教授的支持与帮助。

由于作者水平有限，书中不足之处在所难免，诚恳希望读者不吝赐教。

李建锋

目 录

第1章

OpenCV 简介

本章主要内容
➤ 图像的起源和数字图像;
➤ OpenCV 的简介及其部署方法;
➤ OpenCV 中包含的主要模块。

1.1　图像处理简介

学习目标

- 了解图像的起源;
- 了解数字图像的表示。

1.1.1　图像的起源

1. 图像是什么

姚敏的《数字图像处理》一书指出,图像是人类视觉的基础,是自然景物的客观反映,是人类认识世界和人类本身的重要源泉,"图"是物体反射光或透射光的分布,

"像"是人的视觉系统所接受的图在人脑中形成的印象或认识,照片、绘画、剪贴画、地图、书法作品、手写汉学、传真、卫星云图、影视画布、X 光片、脑电图、心电图等都是图像,如图 1.1 所示。

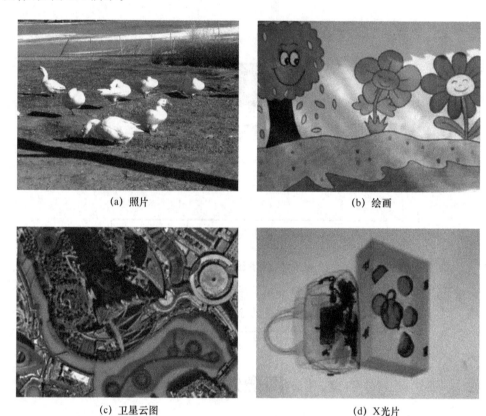

<table>
<tr><td>(a) 照片</td><td>(b) 绘画</td></tr>
<tr><td>(c) 卫星云图</td><td>(d) X光片</td></tr>
</table>

图 1.1　图像

2. 模拟图像和数字图像

图像的概念源于 1826 年前后。法国科学家 Joseph Nicephore Niepce 发明的第一张可永久保存的照片,属于模拟图像。模拟图像又称连续图像,它通过某种物理量(如光、电等)的强弱变化记录图像亮度信息,所以是连续变换的。模拟信号的特点是容易受干扰,如今已经基本被数字图像替代。

1921 年,美国科学家发明了 Bartlane System,通过海底电缆从伦敦往纽约传输了第一幅数字图像:用离散数值表示其亮度信息,将图片编码成 5 个灰度级,如图 1.2 所示。在发送端,图片被编码并使用打孔带记录,通过系统传输后在接收方使用特殊的打印机恢复成图像。

图 1.2　传输的第一幅数字图像

1950 年左右,计算机被发明,数字图像处理学科正式诞生。模拟图像和数字图像的对比图如图 1.3 所示。

图 1.3　模拟图像(左)和数字图像(右)对比图

1.1.2　数字图像的表示

1. 位数

计算机采用 0/1 编码的系统,数字图像也是利用 0/1 来记录信息的,人们平常接触的数字图像都是 8 位的,包含 256 个灰度等级,即 0～255,其中 0 表示最黑,255 表示最白,如图 1.4 所示。人眼对灰度比较敏感,敏感程度在 16 位到 32 位之间。

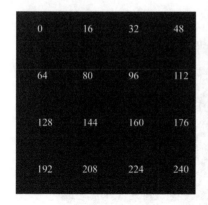

图 1.4　数字图像灰度级

2. 图像的分类

1) 二值图像

二值图像的二维矩阵仅由 0、1 两个值构成,其中"0"代表黑色,"1"代表白色。由于每一像素(矩阵中的每一元素)取值仅有 0、1 两种可能,所以计算机中二值图像的数据类型通常为 1 个二进制位。二值图像通常用于文字、线条图的扫描识别(OCR)和掩膜图像的存储。

2) 灰度图像

每个灰度图像只有一个采样颜色。这类图像通常用从最暗的黑色到最亮的白色的灰度显示,理论上这个采样可以是任何颜色的不同深度,甚至可以是不同亮度上的不同颜色。灰度图像与黑白图像不同,在计算机图像领域,黑白图像只有黑色和白色两种颜色,但是灰度图像在黑色和白色之间还有许多级的颜色深度。灰度图像经常是在单个电磁波频谱(如可见光)内测量每个像素的亮度得到的。用于显示的灰度图像通常用每个采样像素 8 位的非线性尺度来保存,这样就可以有 256 级灰度(如果用 16 位显示,则有 65 536 级灰度)。图像灰度等级对比图如图 1.5 所示。

3) 彩色图像

彩色图像的每个像素通常是由红(R)、绿(G)、蓝(B)3 个分量来表示的,分量介于 0 和 255 之间。RGB 图像与索引图像都可以用来表示彩色图像。与索引图像一样,RGB 图像分别用红(R)、绿(G)、蓝(B)三原色的组合来表示每个像素的颜色,但与索引图像不同的是,RGB 图像的每一个像素的颜色值直接存放在图像矩阵中,每一像素的颜色由 R、G、B 3 个分量来表示,用 3 个 M×N 的二维矩阵分别表示各个像素的 R、G、B 分量,其中 M、N 分别表示图像的行列数。RGB 图像的数据类型一般为

8 位无符号整型,通常用于表示和存放真彩色图像。

图 1.5　图像灰度等级对比图

本节总结

1. 图像是什么

   图:物体反射光或透射光的分布。

   像:人的视觉系统所接受的图在人脑中形成的印象或认识。

2. 模拟图像和数字图像

   模拟图像:连续存储的数据。

   数字图像:分级存储的数据。

3. 数字图像

   位数:图像的表示,常见的为 8 位。

   分类:二值图像、灰度图像和彩色图像。

1.2　OpenCV 简介及安装方法

学习目标

- 了解 OpenCV 是什么;

• 能够独立安装 OpenCV。

1.2.1 什么是 OpenCV

1. OpenCV 简介

OpenCV 是一款由 Intel 公司俄罗斯团队发起、参与和维护的一个计算机视觉处理开源软件库,支持与计算机视觉和机器学习相关的众多算法,并且正在日益扩展。OpenCV 图标如图 1.6 所示。

图 1.6 OpenCV 图标

OpenCV 的优势如下。

1) 支持多种编程语言

OpenCV 基于 C++实现,同时提供 Python、Ruby、MATLAB 等语言的接口。OpenCV-Python 是 OpenCV 的 Python API,结合了 OpenCV 的 C++ API 和 Python 语言的最佳特性。

2) 跨平台

OpenCV 可以在不同的系统平台上使用,包括 Windows、Linux、OS X、Android 和 iOS。基于 CUDA 和 OpenCL 的高速 GPU 操作接口也在积极开发中。

3) 活跃的开发团队

4) 丰富的 API

OpenCV 具备完善的传统计算机视觉算法,涵盖主流的机器学习算法,同时添加了对深度学习的支持。

2. OpenCV-Python

OpenCV-Python 是一个 Python 绑定库,旨在解决计算机视觉问题。

Python 是一种由 Guido van Rossum 开发的通用编程语言,它很快就变得非常流行,主要是因为它的简单性和代码可读性。它使程序员能够用更少的代码行表达思想,而不会降低可读性。

与 C/C++等语言相比,Python 运算速度较慢。但 Python 可以使用 C/C++轻松扩展,这使人们可以在 C/C++中编写计算密集型代码,并创建可用作 Python 模块的 Python 包装器。这带来了两个好处:第一,使 Python 代码与原始 C/C++代码一样快(因为它是在后台工作的实际 C++代码);第二,在 Python 中编写代码比使用 C/C++更容易。OpenCV-Python 是原始 OpenCV C++实现的 Python 包装器。

OpenCV-Python 使用 Numpy,这是一个高度优化的数据库操作库,具有 MATLAB 风格的语法;所有 OpenCV 数据结构都转换为 Numpy 数组,使得其与使用 Numpy 的其他库(如 Scipy 和 Matplotlib)的集成更容易。

1.2.2　OpenCV 部署方法

第一步:安装 OpenCV 之前需要先安装 Numpy 和 Matplotlib。

第二步:创建 Python 虚拟环境 cv,在 cv 中安装即可。

第三步:先安装 OpenCV-Python,由于其中一些经典的算法被申请了版权,新版本受到很大的限制,所以建议选用 3.4.3 以下的版本。

```
pip install opencv-python == 3.4.2.17
```

第四步:测试是否安装成功。运行以下代码,若无报错,则说明安装成功。

```
import cv2
#读一个图片并进行显示(图片路径需自己指定)
lena = cv2.imread('1.jpg')
cv2.imshow('image',lena)
cv2.waitKey(0)
```

第五步:若要利用 SIFT 和 SURF 等进行特征提取,还需要安装 OpenCV-Contrib-Python。

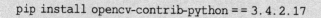

```
pip install opencv-contrib-python == 3.4.2.17
```

▷▷ 本节总结 ▷

1. OpenCV 的定义：计算机视觉的开源库。
2. OpenCV 的优势：支持多种编程语言；跨平台；活跃的开发团队；丰富的 API。

1.3　OpenCV 的模块

▷▷ 学习目标 ▷

- 了解 OpenCV 的主要模块。

图 1.7 列出了 OpenCV 包含的各个模块。

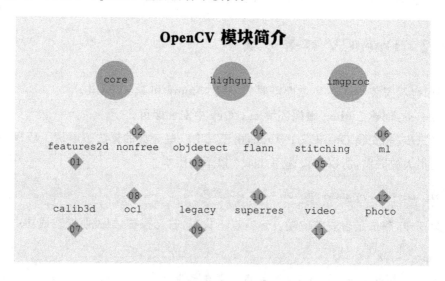

图 1.7　OpenCV 包含的各个模块

core、highgui、imgproc 是最基础的模块，本书主要围绕这几个模块展开，分别介绍如下：

◇ core 模块实现了最核心的数据结构及其基本运算，如绘图函数、数组操作的相关函数等。

✧ highgui 模块实现了视频与图像的读取、显示、存储等功能。

✧ imgproc 模块实现了图像处理的基础方法,包括图像滤波、图像的几何变换、平滑、阈值分割、形态学处理、边缘检测、目标检测、运动分析和对象跟踪等。

对于图像处理的其他更高层次的方向和应用,OpenCV 中也有相关的模块实现。

✧ features2d 模块用于提取图像特征以及实现特征匹配。

✧ nonfree 模块实现了一些专利算法,如 sift 特征。

✧ objdetect 模块实现了一些目标检测的功能,如经典的基于 Haar、LBP 特征的人脸检测,基于 HOG 的行人、汽车等目标检测,分类器使用的 Cascade Classification(级联分类)和 Latent SVM 等。

✧ flann(Fast Library Approximate Neraest Neighbors)模块包含快速近似最近邻搜索 flann 和聚类 Clustering 算法。

✧ stitching 模块实现了图像拼接功能。

✧ ml 模块是机器学习模块,包含 SVM、决策树、Boosting,等等。

✧ calib3d 模块,即 Calibration(校准)3D,该模块主要用于实现相机校准和三维重建相关的功能,包含基本的多视角几何算法、单个立体摄像头标定、物体姿态估计、立体相似算法、3D 信息的重建等操作。

✧ video 模块针对视频处理,如背景分离、前景检测、对象跟踪等。

✧ photo 模块包含图像修复和图像去噪两部分功能。

▶▶▶ 本节总结

OpenCV 的主要模块:

• core 模块,实现了最核心的数据结构及其基本运算;

• highgui 模块,实现了视频与图像的读取、显示、存储;

• imgproc 模块,实现了图像处理的基础方法;

• features2d 模块,实现了图像特征提取以及特征匹配。

第 2 章

OpenCV 基本操作

本章主要内容

➤ 图像的 IO 操作、读取和保存方法；

➤ 在图像上绘制几何图像；

➤ 如何获取图像的属性；

➤ 如何访问图像的像素，进行通道分离、合并等；

➤ 如何实现颜色空间的变换；

➤ 图像的算术运算。

2.1 图像的基础操作

学习目标

• 掌握图像的读取和保存方法；

• 能够使用 OpenCV 在图像上绘制几何图像；

• 能够访问图像的像素；

• 能够获取图像的属性、运行通道的分离和合并；

• 能够实现颜色的空间变换。

2.1.1　图像的 IO 操作

本节介绍如何读取图像、显示图像和保存图像。

1. 读取图像

1）API

```
cv2.imread(filepath,flags)
```

参数：

◇ filepath：要读取的图像的完整路径。

◇ flag：读取方式的标志，有以下 3 种形式。

   ☞ cv.IMREAD ∗ COLOR：以彩色模式加载图像，任何图像的透明度都将被忽略。这是默认参数。

   ☞ cv.IMREAD ∗ GRAYSCALE：以灰度模式加载图像。

   ☞ cv.IMREAD_UNCHANGED：包含 alpha 通道的加载图像模式。

注意：可以使用 1、0 或者 −1 替代上面 3 个标志。

2）参考代码

```
import numpy as np
import cv2 as cv
# 以灰度图的形式读取图像
img = cv.imread('messi5.jpg',0)
```

注意：如果加载的路径有错误，OpenCV 不会报错，而是返回一个 None 值。

2. 显示图像

1）API

```
cv2.imshow('image',img)
```

参数：

◇ 'image'：显示图像的窗口名称，以字符串类型表示。

◇ img：要显示的图像。

注意：在调用显示图像的 API 后，要调用 cv2.waitKey()给图像绘制留出时间，否则窗口会出现无响应的情况，并且图像无法显示出来。

另外,也可使用 Matplotlib 对图像进行展示。

2) 参考代码

```
# OpenCV 中显示
cv2.imshow('image',img)
cv2.waitKey(0)
# Matplotlib 中显示
plt.imshow(img[:,:,::-1])
```

3. 保存图像

1) API

```
cv2.imwrite(filename,img[,params])
```

参数:

◇ filename:要写入硬盘文件的路径、文件名和扩展名。

◇ img:要保存的源图像。

2) 参考代码

```
cv2.imwrite('messigray.png',img)
```

4. 总结

通过加载灰度图像来显示图像,此时如果按"S"并退出则保存图像,如果按
"ESC"键直接退出则不保存图像。

```
import numpy as np
import cv2 as cv
import matplotlib.pyplot as plt
#2  显示图像
#2.1 利用 OpenCV 显示图像
cv.imshow('image',img)
#2.2 在 Matplotlib 中显示图像
plt.imshow(img[:,:,::-1])
plt.title('匹配结果'),plt.xticks([]),plt.yticks([])
plt.show()
```

```
k = cv.waitKey(0)
＃3 保存图像
cv.imwrite('messigray.png',img)
```

2.1.2　绘制几何图像

1. 绘制直线

```
cv2.line(img,start,end,color,thickness)
```

参数:

◇ img:要绘制直线的图像。

◇ start,end:直线的起点和终点。

◇ color:线条颜色。

◇ thickness:线条宽度。

2. 绘制圆形

```
cv2.circle(img,centerpoint,r,color,thickness)
```

参数:

◇ img:要绘制圆形的图像。

◇ centerpoint,r:绘制圆形的圆心和半径。

◇ color:线条颜色。

◇ thickness:线条宽度,为"−1"时生成闭合图案并填充颜色。

3. 绘制矩形

```
cv2.rectangle(img,leftupper,rightdown,color,thickness)
```

参数:

◇ img:要绘制矩形的图像。

◇ leftupper,rightdown:矩形的左上角坐标和右下角坐标。

◇ color:线条颜色。

◇ thickness:线条宽度。

4. 向图像中添加文字

```
cv2.putText(img,text,station,font,fontsize,color,thickness,cv.LINE_AA)
```

参数：

♦ img:要添加文字的图像。

♦ text:要写入的文本数据。

♦ station:文本的放置位置。

♦ font:字体。

♦ fontsize:字号。

5. 效果展示

生成一个全黑的图像,然后在里面绘制图形并添加文字。

```
import numpy as np

import cv2 as cv

import matplotlib.pyplot as plt

#1 创建一个空白的图像

img = np.zeros((512,512,3),np.uint8)

#2 绘制图形

cv.line(img,(0,0),(511,511),(255,0,0),5)

cv.rectangle(img,(384,0),(510,128),(0,255,0),3)

cv.circle(img,(447,63),63,(0,0,255),-1)

font = cv.FONT_HERSHEY_SIMPLEX

cv.putText(img,'OpenCV',(10,500),font,4,(255,255,255),2,cv.LINE_AA)

#3 图像展示

plt.imshow(img,[:,:,::-1])

pltxticks([]),plt,yticks([])

plt.show()
```

运行结果如图 2.1 所示。

图 2.1　在图像上绘制图形、添加文字

2.1.3　获取并修改图像中的像素点

获取并修改图像中的像素点操作起来比较简单,因为图像是以矩阵形式存放的,所以可以通过矩阵行和列组成的坐标值获取该像素点的像素值:对于 BGR 图像,它返回一个蓝、绿、红值的数组;对于灰度图像,仅返回相应的强度值。使用相同的方法对图像中像素点的像素值进行修改。

2.1.4　获取图像的属性

图像属性包括行数、列数、通道数、图像数据类型、像素数等。

表 2.1　图像属性及其 API 函数

图像属性	API 函数
形状	img.shape
图像大小	img.size
数据类型	img.dtype

2.1.5　图像通道的拆分与合并

有时需要在 B、G、R 通道图像上单独操作。在这种情况下,需要将 BGR 图像分割为单个通道,或者在其他情况下,可能需要将这些单独的通道合并为同一 BGR 图像,可以通过以下方式完成。

```
#通道拆分
b,g,r = cv2.split(img)
#通道合并
img = cv2.merge(b,g,r)
```

2.1.6 色彩空间的转换

OpenCV 中有 150 多种颜色空间的转换方法。最广泛的使用方法有两种,即 BGR↔Gray 和 BGR↔HSV。

```
cv2.cvtColor(input_image,flag)
```

参数:

✧ input_image:进行颜色空间转换的图像。

✧ flag:转换类型,有以下两种。

　　☞ cv.COLOR_BGR2GRAY: BGR↔Gray。

　　☞ cv.COLOR_BGR2HSV: BGR↔HSV。

▷▷▷ **本节总结**

1. 图像的 IO 操作的 API
   - cv2.imread():读取图像。
   - cv2.imshow():显示图像。
   - cv2.imwrite():保存图像。
2. 在图像上绘制几何图像
   - cv2.line():绘制直线。
   - cv2.circle():绘制圆形。
   - cv2.rectangle():绘制矩形。
   - cv2.putText():在图像上添加文字。
3. 直接使用矩阵行、列的索引获取图像中的像素并进行修改。
4. 图像属性及其 API 函数见表 2.1。
5. 通道的拆分与合并
   - cv2.split():通道拆分。
   - cv2.merge():通道合并。

6. cv2.cvtColor(input_image,flag):色彩空间转换。

2.2 算 法 操 作

• 了解图像的加法和混合操作。

2.2.1 图像的加法

我们可以使用 OpenCV 中的 cv2.add()函数把两幅图像相加,或者可以简单地通过 Numpy 操作使两个图像相加,如 res＝img1＋img2。两个图像应该具有相同的大小和类型,或者第二个图像可以是标量值。两种操作的差别可以参考以下代码。

```
>>> x = np.uint8([250])
>>> y = np.uint8([10])
>>> print(cv2.add(x,y))        #250 + 10 = 260 => 255
[[255]]
>>> print(x + y)               #250 + 10 = 260 % 256 = 4
[4]
```

这种差别在对两幅图像进行加法时会更加明显。用如下代码将图 2.2 中的两幅图像相加。

(a)　　　　　　　　　　　　(b)

图 2.2　准备相加的两幅图像

```
import numpy as np

import cv2 as cv

import matplotlib.pyplot as plt


#1 读取图像

img1 = cv.imread('view.jpg')

img2 = cv.imread('rain.jpg')


#2 加法操作

img3 = cv.add(img1,img2)        #OpenCV 中的图像加法

img4 = img1 + img2              #直接相加


#3 图像显示

fig,axes = plt.subplots(nrows = 1,nvols = 2,figsize = (10,8),dpi = 100)

axes[0].imshow(img3[:,:,::-1])

axes[0].set_title('cv 中的加法')

axes[1].imshow(img4[:,:,::-1])

axes[1].set_title('直接相加')

plt.show()
```

运行结果如图 2.3 所示。

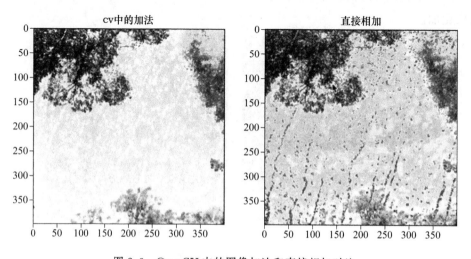

图 2.3 OpenCV 中的图像加法和直接相加对比

从图 2.3 中不难看出,使用 OpenCV 中的 cv2.add() 函数进行图像相加的结果会更好一点,因此在进行图像相加时应尽量使用 OpenCV 中的函数。

2.2.2　图像的混合

图像的混合其实也是一种加法,不同的是两幅图像的权重不同,这就带给人一种混合或者透明的感觉。图像的混合的计算公式如下:

$$g(x) = (1-\alpha) f_0(x) + \alpha f_1(x)$$

其中 α 是混合权重,通过修改 α 的值(0→1),可以实现非常特殊的效果。

现在我们把图 2.2 中的两幅图混合在一起,令第一幅图的权重是 0.7,第二幅图的权重是 0.3。函数 cv2.addWeighted() 可以按下面的公式对图像进行混合操作:

$$dst = \alpha \cdot img1 + \beta \cdot img2 + \gamma$$

这里 γ 取零。参考以下代码。

```
import numpy as np
import cv2 as cv
import matplotlib.pyplot as plt


#1 读取图像
img1 = cv.imread('view.jpg')
img2 = cv.imread('rain.jpg')


#2 图像混合
img3 = cv.addWeight(img1,0.7,img2,0.3,0)


#3 图像显示
plt.figure(figsize=(8,8))
plt.imshow(img3[:,:,:-1])
plt.show()
```

运行结果如图 2.4 所示。

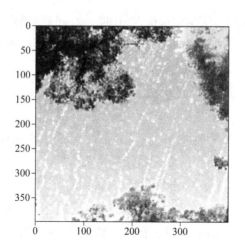

图 2.4　图像混合

>>>本节总结>

1. 图像的加法：将两幅图像加在一起，调用函数 cv2.add()实现图像的加法。

2. 图像的混合：将两幅图像按照不同的比例进行混合，调用函数 cv2.addWeight()实现图像的混合。

3. 图像的相加和混合都要求两幅图像是相同大小的。

第3章

OpenCV 图像处理

本章主要内容

➢ 图像几何变换,如缩放、平移、旋转、仿射变换、透射变换、金字塔;

➢ 图像形态学操作;

➢ 图像平滑;

➢ 图像直方图;

➢ 图像边缘检测;

➢ 图像模版匹配和霍夫变换;

➢ 图像傅里叶变换。

3.1 几何变换

≫≫学习目标

• 掌握图像的缩放、平移、旋转等操作;

• 了解数字图像的仿射变换和透射变换。

3.1.1 图像缩放

缩放是对图像的尺寸进行调整,即使图像放大或缩小。

1) API

```
cv2.resize(src,dsize,fx,fy,interpolation)
```

参数:

◇ src:输入图像。

◇ dsize:绝对尺寸,直接指定调整后的图像大小。

◇ fx,fy:相对尺寸,将 dsize 设置为 None,然后将 fx 和 fy 设置为比例因子即可。

◇ interpolation:插值方法,插值类型及其含义如表 3.1 所示。

表 3.1　插值类型及其含义

插值类型	含义
cv2.INTER_LINEAR	双线性插值法
cv2.INTER_NEAREST	最近邻插值
cv2.INTER_AREA	像素区域重采样(默认)
cv2.INTER_CUBIC	双三次插值

2) 示例

对图像"./image/image2.jpg"进行缩放,并对图像的几何变化进行显示。

```
import cv2 as cv


#1 读取图像
img1 = cv.imread('./image/image2.jpg')
#2 图像缩放
#2.1 绝对尺寸
rows,cols = img1.shape[:2]
res = cv.resize(img1,(2 * cols,2 * rows),interpolation = cv.INTER_CUBIC)


#2.2 相对尺寸
```

```
res1 = cv.resize(img1,None,fx = 0.5,fy = 0.5)


#3 图像显示
#3.1 使用 OpenCV 显示图像(不推荐)
cv.imshow('original',img1)
cv.imshow('enlarge',res)
cv.imshow('shrink',res1)
cv.waitKey(0)


#3.2 使用 Matplotlib 显示图像
fig,axes = plt.subplots(nrows = 1,ncols = 3,figsize = (10,8),dpi = 100)
axes[0].imshow(res[:,:,::-1])
axes[0].set_title('绝对尺寸(放大)')
axes[1].imshow(img1[:,:,::-1])
axes[1].set_title('原图')
axes[2].imshow(res1[:,:,::-1])
axes[2].set_title('相对尺寸(缩小)')
plt.show()
```

运行结果如图 3.1 所示。

图 3.1　图像的几何变化

3.1.2　图像平移

图像平移是指将图像按照指定方向和距离,移动到相应的位置。

1) API

```
cv2.warpAffine(img,M,dsize)
```

参数：

◇ img：输入图像。

◇ M：2×3 移动矩阵。

对于(x,y)处的像素点，要把它移动到$(x+t_x,y+t_y)$处时，$\boldsymbol{M}$ 矩阵应进行如下
设置：

$$\boldsymbol{M} = \begin{bmatrix} 1 & 0 & t_x \\ 0 & 1 & t_y \end{bmatrix}$$

注意：将 M 设置为 np.float32 类型的 Numpy 数组。

◇ dsize：输出图像的大小。

注意：输出图像的大小应该是（width,height）的形式。其中，width＝列数，
height＝行数。

2) 示例

将图像"./image/image2.jpg"的$(0,0)$像素点平移到$(50,100)$处。

```
import numpy as np
import cv2 as cv
import matplotlib.pyplot as plt
plt.rcParams['font.sans-serif'] = ['SimHei']
# plt.rcParams['axes.unicode_minus'] = False
#1 读取图像
img1 = cv.imread('./image/image2.jpg')


#2 图像平移
rows,cols = img1.shape[:2]
M = M = np.float32([[1,0,100],[0,1,50]]) #平移矩阵
dst = cv.warpAffine(img1,M,(cols,rows))


#3 图像显示
fig,axes = plt.subplots(nrows = 1,ncols = 2,figsize = (10,8),dpi = 100)
axes[0].imshow(img1[:,:,::-1])
axes[0].set_title('原图')
```

```
axes[1].imshow(dst[:,:,::-1])
axes[1].set_title('平移后结果')
plt.show()
```

运行结果如图 3.2 所示。

图 3.2　图像平移操作结果

3.1.3　图像旋转

图像旋转是指图像按照某个位置转动一定角度的操作,旋转过程中图像仍保持原始尺寸。旋转后,图像的水平对称轴、垂直对称轴及坐标原点都可能发生变换,因此需要对发生旋转的图像的坐标系进行相应转换。

如何进行图像坐标系的旋转呢? 如图 3.3 所示。

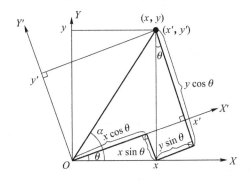

图 3.3　图像坐标系的旋转

假设图像沿逆时针方向旋转角度 θ,则根据坐标转换可得旋转转换为

$$\begin{cases} x'=r\cos(\alpha-\theta) \\ y'=r\sin(\alpha-\theta) \end{cases}$$

其中:$r=\sqrt{x^2+y^2}$,$\sin\alpha=\dfrac{y}{\sqrt{x^2+y^2}}$,$\cos\alpha=\dfrac{x}{\sqrt{x^2+y^2}}$。带入上面的公式,有

$$\begin{cases} x'=x\cos\theta+y\sin\theta \\ y'=-x\sin\theta+y\cos\theta \end{cases}$$

也可以写成

$$[x' \quad y' \quad 1]=[x \quad y \quad 1]\begin{bmatrix} \cos\theta & -\sin\theta & 0 \\ \sin\theta & \cos\theta & 0 \\ 0 & 0 & 1 \end{bmatrix}$$

如图 3.4 所示,因为原图像中的坐标原点在图像的左上角,经过旋转后图像的大小有所变化,所以原点也需要修正。假设图像在旋转的时候是以旋转中心为坐标原点的,旋转结束后还需要将坐标原点移到图像左上角,也就是还要进行一次变换。

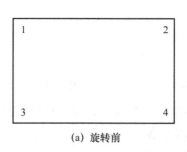 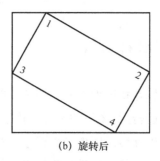

(a) 旋转前　　　　　　　　(b) 旋转后

图 3.4　图像旋转前后坐标变换示意图

$$[x'' \quad y'' \quad 1]=[x' \quad y' \quad 1]\begin{bmatrix} 1 & 1 & 0 \\ 0 & -1 & 0 \\ \text{left} & \text{top} & 1 \end{bmatrix}$$

$$=[x \quad y \quad 1]\begin{bmatrix} \cos\theta & -\sin\theta & 0 \\ \sin\theta & \cos\theta & 0 \\ 0 & 0 & 1 \end{bmatrix}\begin{bmatrix} 1 & 1 & 0 \\ 0 & -1 & 0 \\ \text{left} & \text{top} & 1 \end{bmatrix}$$

在 OpenCV 中,图像的旋转首先根据旋转角度和旋转中心获取旋转矩阵,然后根据旋转矩阵进行变换,即可达到按任意角度和任意中心旋转的效果。

1）API（获取旋转矩阵 M）

```
cv2.getRotationMatrix2D(center,angle,scale)
```

参数：

◇ center：旋转中心。

◇ angle：旋转角度。

◇ scale：缩放比例。

返回：

◇ M：旋转矩阵。

注意：生成旋转矩阵 M 后，调用 cv.warAffine()即可完成图像的旋转。

2）示例

旋转图像"./image/image2.jpg"。

```
import numpy as np
import cv2 as cv
import matplotlib.pyplot as plt
plt.rcParams['font.sans-serif'] = ['SimHei']
#1 读取图像
img1 = cv.imread('./image/image2.jpg')


#2 图像旋转
rows,cols = img1.shape[:2]
#2.1 生成旋转矩阵
M = cv.getRotationMatrix2D((cols/2,rows/2),90,1)
#2.2 进行旋转变换
dst = cv.warpAffine(img1,M,(cols,rows))


#3 图像显示
fig,axes = plt.subplots(nrows = 1,ncols = 2,figsize = (10,8),dpi = 100)
axes[0].imshow(img1[:,:,::-1])
axes[0].set_title('原图')
axes[1].imshow(dst[:,:,::-1])
axes[1].set_title('旋转后结果')
plt.show()
```

运行结果如图 3.5 所示。

图 3.5　图像旋转

3.1.4　仿射变换

图像的仿射变换涉及图像的形状、位置、角度的变化,是深度学习预处理中常用到的功能。仿射变换是对图像的缩放、旋转、翻转和平移等操作的组合。

那么如何对图像进行仿射变换? 仿射变换过程如图 3.6 所示。图 3.6 中 Image2 中的点 1、2 和 3 与 Image1 中的 3 个点一一映射,仍然形成三角形,但形状已经大大改变,通过这样的两组三点(感兴趣点)求出的仿射变换能够应用于图像中的所有点,能够完成整个图像的仿射变换。

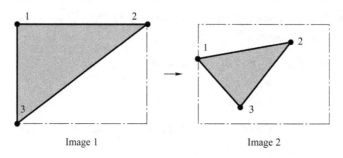

图 3.6　图像的仿射变换

在 OpenCV 中,仿射变换矩阵是一个 2×3 的矩阵:

$$\boldsymbol{M} = \begin{bmatrix} \boldsymbol{A} & \boldsymbol{B} \end{bmatrix} = \begin{bmatrix} a_{00} & a_{01} & b_0 \\ a_{10} & a_{11} & b_1 \end{bmatrix}$$

其中,左边的 2×2 子矩阵 $\boldsymbol{A}$ 是线性变换矩阵,右边的 2×1 子矩阵 $\boldsymbol{B}$ 代表平移项:

$$\boldsymbol{A}=\begin{bmatrix} a_{00} & a_{01} \\ a_{10} & a_{11} \end{bmatrix}, \quad \boldsymbol{B}=\begin{bmatrix} b_0 \\ b_1 \end{bmatrix}$$

对于图像上的任意位置 (x,y),仿射变换执行的是如下操作:

$$\boldsymbol{T}_{\text{affine}}=\boldsymbol{A}\begin{bmatrix} x \\ y \end{bmatrix}+\boldsymbol{B}=\boldsymbol{M}\begin{bmatrix} x \\ y \\ 1 \end{bmatrix}$$

需要注意的是,对于图像而言,宽度方向对应 x 轴,高度方向对应 y 轴,坐标的顺序和图像像素对应下标一致,所以原点的位置不是左下角而是右上角,y 轴的方向不是向上,而是向下。

在仿射变换中,原图中所有的平行线在结果图像中同样平行。为了创建仿射变换矩阵,需要先从原图像中找到 3 个点以及它们在输出图像中的位置,然后用 cv2.getAffineTransform() 创建一个 2×3 的矩阵,最后将这个矩阵传给函数 cv2.warpAffine()。

1) API

```
cv2.getAffineTransform(src, dst)        ♯求解仿射变换矩阵
```

参数:

◇ src:原始图像中的 3 个点坐标。

◇ dst:变换后的这 3 个点对应的坐标。

```
cv2.warpAffine(src, M, ccols, rows)
```

参数:

◇ src:输入图像。

◇ M:变换矩阵。

◇ ccols, rows:输出图像的大小。

2) 示例

建立“./image/image2.jpg”的仿射变换程序。

```
import numpy as np
import cv2 as cv
import matplotlib.pyplot as plt
```

```
#1 读取图像
img1 = cv.imread('./image/image2.jpg')


#2 仿射变换
rows,cols = img1.shape[:2]
#2.1 创建变换矩阵
pts1 = np.float32([[50,50],[200,50],[50,200]])
pts2 = np.float32([[100,100],[200,50],[100,250]])
M = cv.getAffineTransform(pts1,pts2)
#2.2 完成仿射变换
dst = cv.warpAffine(img1,M,(cols,rows))


#3 图像显示
fig,axes = plt.subplots(nrows = 1,ncols = 2,figsize = (10,8),dpi = 100)
axes[0].imshow(img1[:,:,::-1])
axes[0].set_title('原图')
axes[1].imshow(dst[:,:,::-1])
axes[1].set_title('仿射后结果')
plt.show()
```

运行结果如图 3.7 所示。

图 3.7　图像仿射变换

3.1.5　透射变换

透射变换是视觉变化的结果,是指利用透视中心、像点、目标点三点共线的条件,按透视旋转定律使承影面(透视面)绕迹线(透视轴)旋转某一角度,破坏原有的投影光束,仍能保持承影面上透射几何图形不变的变换。

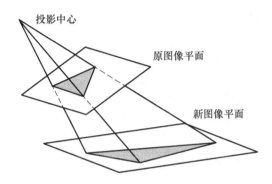

图 3.8　图像透射变换示意图

它的本质是将图像投影到一个新的视平面,其通用变换公式为

$$\begin{bmatrix} x' & y' & z' \end{bmatrix} = \begin{bmatrix} u & v & w \end{bmatrix} \begin{bmatrix} a_{00} & a_{01} & a_{02} \\ a_{10} & a_{11} & a_{12} \\ a_{20} & a_{21} & a_{22} \end{bmatrix}$$

其中,(u,v) 是原始的图像像素坐标,w 的取值为 1,$(x=x'/z', y=y'/z')$ 是透射变换后的结果。最右侧的矩阵称为透射变换矩阵,一般情况下,将其分成三部分:

$$T = \begin{bmatrix} a_{00} & a_{01} & a_{02} \\ a_{10} & a_{11} & a_{12} \\ a_{20} & a_{21} & a_{22} \end{bmatrix} = \begin{bmatrix} T_1 & T_2 \\ T_3 & a_{22} \end{bmatrix}$$

其中,T_1 表示对图像进行线性变换,T_2 表示对图像进行平移,T_3 表示对图像进行透射变换,a_{22} 一般设为 1。在 OpenCV 中,我们要先找 4 个点,其中任意 3 个点不共线,然后获取变换矩阵 T,最后进行透射变换。通过函数 cv.getPerspectiveTransform() 获取变换矩阵 T,并将此 3×3 变换矩阵代入函数 cv.warpPerspective() 以完成透射变换。

1) API

```
M = cv2.getPerspectiveTransform (src, dst, solveMethod)
```

参数：

- ◇ src：由原图像上 4 个点的坐标构成的矩阵，要求其中任意 3 个点不共线。
- ◇ dst：由目标图像上 4 个点的坐标构成的矩阵，要求其中任意 3 个点不共线，且每个点与 src 上的对应点对应。
- ◇ solveMethod：矩阵分解方法，传递给 cv. solve(DecompTypes) 求解线性方程组或解决最小二乘问题，默认值为 None，表示使用 EDCOMP_LU。

solveMethod 对应取值及含义如表 3.2 所示。

表 3.2　solveMethod 对应取值及含义

取　值	含　义
DECOMP_LU	选择最优轴元的高斯消去方法
DECOMP_SVD	奇异值分解(SVD)方法。支持超定系统(方程个数超过未知数个数)或矩阵 src1 是奇异矩阵的系统(方程个数少于未知数个数)
DECOMP_EIG	特征值分解方法。矩阵 src1 必须是对称的
DECOMP_CHOLESKY	Cholesky LLT 分解方法，即带平方根(LLT)Cholesky 算法分解对称正定矩阵，要求矩阵 src1 必须是对称正定矩阵。Chosesky LLT 分解方法是把一个对称正定的矩阵表示成一个下三角矩阵 L 和其转置矩阵的乘积的分解方法。它要求矩阵的所有特征值必须大于零，故分解的下三角的对角元也是大于零的。Cholesky 分解法又称平方根法，是当矩阵为实对称正定矩阵时，LU 三角分解法的变形
DECOMP_QR	QR 分解方法。QR(正交三角)分解法是求一般矩阵全部特征值的最有效并广泛应用的方法，它将矩阵分解成一个正规正交矩阵 Q 与上三角形矩阵 R；支持超定系统或矩阵 src1 是奇异矩阵的系统
DECOMP_NORMAL	前面 5 个方法是互斥的，而本方法可以和前面任意一个方法进行组合使用。它表示使用正则方程(the normal equations)$src1^T \cdot src1 \cdot dst = src1^T src2$ 代替原有的方程 $src1 \cdot dst = src2$ 进行求解

注：矩阵分解是将矩阵拆解为数个矩阵的乘积，包括三角分解、满秩分解、Jordan 分解和 SVD(奇异值)分解等，常用的方法有 3 种：三角分解法、QR 分解法、奇异值分解法。在图像处理方面，矩阵分解被广泛应用于降维(压缩)、去噪、特征提取、数字水印等，是十分重要的数学工具，其中特征分解(谱分解)和奇异值分解是两种常用方法。

返回值：

- ◇ M 为一 3×3 的透视变换矩阵。

cv2.warpPerspective (src, M, dsize, dst = None, flags = None, borderMode = None, borderValue = None, solveMethod = None)

参数：

✧ src:输入图像矩阵。

✧ M:3×3 的透视矩阵,可以通过 cv.getPerspectiveTransform()等函数获取。

✧ dsize:结果图像大小,为宽和高的二元组。

✧ dst:输出结果图像,可以省略,结果图像会作为函数处理结果输出。

✧ flags:可选参数,插值方法的组合(int 类型),默认值 INTER_LINEAR。

✧ borderMode:可选参数,边界像素模式(int 类型),默认值 BORDER_CONSTANT。

✧ borderValue:可选参数,边界填充值,当 borderMode 为 cv.BORDER_CONSTANT 时使用,默认值为 None。

2) 示例

建立"./image/image2.jpg"的透射变换程序。

```python
import numpy as np
import cv2 as cv
import matplotlib.pyplot as plt
#1 读取图像
img1 = cv.imread('./image/image2.jpg')


#2 透射变换
rows,cols = img1.shape[:2]
#2.1 创建变换矩阵
pts1 = np.float32([[56,65],[368,52],[28,387],[389,390]])
pts2 = np.float32([[100,145],[300,100],[80,290],[310,300]])


T = cv.getPerspectiveTransform(pts1,pts2)
#2.2 进行变换
dst = cv.warpPerspective(img1,T,(cols,rows))


#3 图像显示
fig,axes = plt.subplots(nrows = 1,ncols = 2,figsize = (10,8),dpi = 100)
axes[0].imshow(img1[:,:,::-1])
axes[0].set_title('原图')
axes[1].imshow(dst[:,:,::-1])
axes[1].set_title('透射后结果')
plt.show()
```

运行结果如图 3.9 所示。

图 3.9　图像透射变换

3.1.6　图像金字塔

图像金字塔是图像多尺度表达的一种,最常用于图像的分割,是一种以多分辨率来解释图像的有效但概念简单的结构。

图像金字塔的用途是机器视觉和图像压缩。一幅图像的金字塔是一系列以金字塔形状排列的、分辨率逐步降低且来源于同一张原始图的图像的集合。其通过梯次向下采样获得,直至达到某个终止条件才停止采样。

金字塔的底部是待处理图像的高分辨率表示,而顶部是待处理图像的低分辨率近似,层级越高,图像越小,分辨率越低。

1) API

```
cv2.pyrUp(img)        #对图像进行上采样
cv2.pyrDown(img)      #对图像进行下采样
```

2) 示例

获取"./image/image2.jpg"的图像金字塔。

```
import numpy as np
import cv2 as cv
import matplotlib.pyplot as plt
```

```
#1 图像读取
img = cv.imread('./image/image2.jpg')
#2 进行图像采样
up_img = cv.pyrUp(img)              #上采样操作
img_1 = cv.pyrDown(img)            #下采样操作
#3 图像显示
cv.imshow('上采样图像',up_img)
cv.imshow('原图',img)
cv.imshow('下采样图像',img_1)
cv.waitkey(0)
cv.destoryAllWindows()
```

运行结果如图 3.10 所示。

图 3.10　图像金字塔

》》》本节总结

1. 图像缩放:对图像进行放大或缩小,调用函数 cv2.resize()缩放图像。

2. 图像平移:指定平移矩阵后,调用函数 cv2.warpAffine()平移图像。

3. 图像旋转:调用函数 cv2.getRotationMatrix2D()获取旋转矩阵,然后调用函数 cv2.warpAffine()旋转图像。

4. 仿射变换:调用函数 cv2.getAffineTransform()创建变换矩阵,然后将该矩阵传递给函数 cv2.warpAffine()进行仿射变换。

5. 透射变换:通过调用函数 cv2.getPerspectiveTransform()获取变换矩阵,然后调用函数 cv2. warpAffine()进行透射变换。

6. 金字塔:图像金字塔是图像多尺度表达的一种,使用函数 cv2. pyrUp()对图像进行向上采样,使用函数 cv2. pyrDown()对图像进行向下采样。

3.2 形态学操作

>>> 学习目标

- 理解图像的邻域、连通性;
- 了解图像的形态学操作,如腐蚀、膨胀、开闭运算、礼帽和黑帽等,以及不同操作之间的关系。

3.2.1 连通性

在图像中,最小的单位是像素,每个像素周围有 8 个邻接像素,常见的邻接关系有3 种:4 邻接、D 邻接和 8 邻接。3 种邻接关系分别如图 3.11 所示。

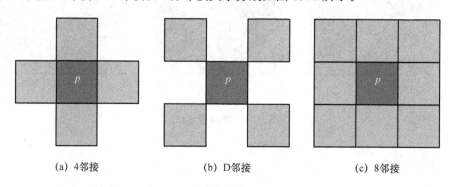

(a) 4邻接   (b) D邻接   (c) 8邻接

图 3.11 图像邻接关系示意图

4 邻接时,像素 $p(x,y)$ 的 4 邻域是 $(x+1,y)$、$(x-1,y)$、$(x,y+1)$、$(x,y-1)$,用 $N_4(p)$ 表示像素 p 的 4 邻接。

D 邻接时,像素 $p(x,y)$ 的 D 邻域是对角上的点 $(x+1,y+1)$、$(x+1,y-1)$、$(x-1,y+1)$、$(x-1,y-1)$,用 $N_D(p)$ 表示像素 p 的 D 邻域。

8 邻接时,像素 $p(x,y)$ 的 8 邻域是其 4 邻域的点与 D 邻域的点,用 $N_8(p)$ 表示像素 p 的 8 邻域。

连通性是描述区域和边界的重要概念,两个像素联通的必要条件如下:

◇ 两个像素的位置是否相邻;

◇ 两个像素的灰度值是否满足特定的相似性原则(或者是否相等)。

根据连通性的定义,可将连通性分为 4 连通、8 连通和 m 连通三种。

◇ 4 连通:对于具有值 V 的像素 p 和 q,如果 q 在集合 $N_4(p)$ 中,则称这两个像素是 4 连通的。

◇ 8 连通:对于具有值 V 的像素 p 和 q,如果 q 在集合 $N_8(p)$ 中,则称这两个像素是 8 连通的。

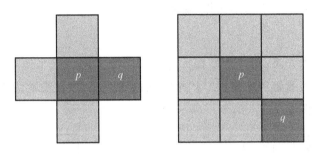

图 3.12　像素 4 连通和 8 连通

◇ m 连通:对于具有值 V 的像素 p 和 q,如果 q 在集合 $N_4(p)$ 中,或 q 在集合 $N_D(p)$ 中并且 $N_4(p)$ 和 $N_D(p)$ 的交集为空(没有值 V 的像素),则称这两个像素是 m 连通的。图 3.13 所示为像素的 m 连通识别。

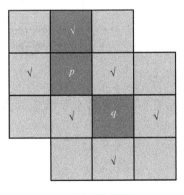

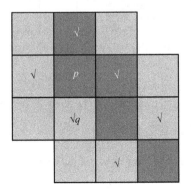

(a) 是 m 连通　　　　　　　　　(b) 不是 m 连通

图 3.13　像素的 m 连通识别

3.2.2 腐蚀和膨胀

形态学操作是基于图像形状的一些简单操作,它通常在二进制图像上执行。腐蚀和膨胀是两个基本的形态学运算符,此外,还有开运算、闭运算、礼帽和黑帽等。

腐蚀和膨胀是最基本的形态学操作,腐蚀和膨胀都是针对图像中的白色部分(高亮部分)而言的。膨胀就是使图像中的高亮部分扩张,其效果图拥有比原图更大的高亮区域;腐蚀是使原图中的高亮区域被蚕食,其效果图拥有比原图更小的高亮区域。膨胀是求局部最大值的操作,腐蚀是求局部最小值的操作。

1. 腐蚀

腐蚀的具体操作是:用一个结构元素扫描图像中的每一个像素,用结构元素中的每一个像素与其覆盖的像素做"与"操作,如果都为 1,则该像素为 1,否则为 0。图像的腐蚀操作如图 3.14 所示。

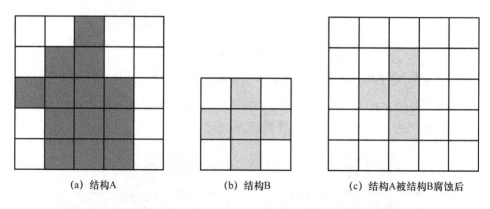

(a) 结构A   (b) 结构B   (c) 结构A被结构B腐蚀后

图 3.14　图像腐蚀操作

腐蚀的作用是消除物体的边界点,使目标缩小,可消除小于结构元素的噪声。腐蚀的 API 函数如下:

```
cv2.erode(img,kernel,iterations)
```

参数:

◇ img:要处理的图像。

◇ kernel:核结构。

◇ iterations:腐蚀的次数,默认是 1。

2. 膨胀

膨胀的具体操作是:用一个结构元素扫描图像中的每一个像素,用结构元素中的每一个像素与其覆盖的像素做"与"操作,如果都为 0,则该像素为 0,否则为 1。图像的膨胀操作如图 3.15 所示。

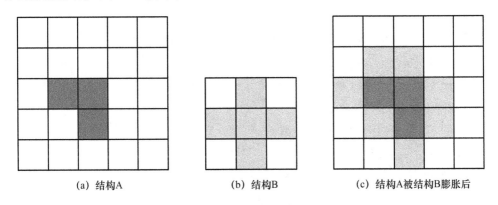

(a) 结构A　　　　　　(b) 结构B　　　　　　(c) 结构A被结构B膨胀后

图 3.15　图像的膨胀操作

膨胀的作用是将与物体接触的所有背景点合并到物体中,使目标增大,可填补目标中的孔洞。膨胀的 API 函数如下:

```
cv2.dilate(img,kernel,iterations)
```

参数:

◇ img:要处理的图像。

◇ kernel:核结构。

◇ iterations:膨胀的次数,默认是 1。

3. 腐蚀和膨胀示例

将"./image/image3.jpg"进行腐蚀和膨胀。

```
import numpy as np
import cv2 as cv
import matplotlib.pyplot as plt
#1 读取图像
img = cv.imread('./image/image3.jpg')
#2 创建核结构
kernel = np.ones((5,5),np.unit8)
```

```
#3 图像腐蚀和膨胀
erosion = cv.erode(img,kernel)
dilate = cv.dilate(img,kernel)

#4 图像显示
fig.axes = plt.subplots(nrows = 1,ncols = 3,figsize = (10,8),dpi = 100)
axes[0].imshow(img1[:,:,::-1])
axes[0].set_title('原图')
axes[1].imshow(erosion)
axes[1].set_title('腐蚀后结果')
axes[2].imshow(dilate)
axes[2].set_title('膨胀后结果')
plt.show()
```

运行结果如图 3.16 所示。

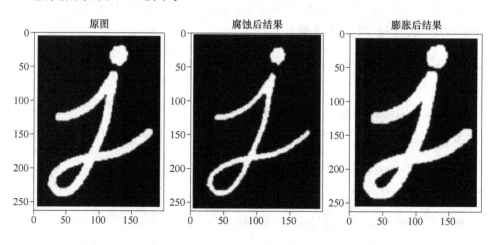

图 3.16　图像的腐蚀和膨胀结果显示对比

>>> 本节总结

1. 图像邻域和连通性的定义,以及连通性的必要条件。

2. 腐蚀和膨胀:腐蚀和膨胀是最基本的形态学操作,腐蚀和膨胀都是针对图像中的白色部分(高亮部分)而言的。膨胀就是使图像中的高亮部分扩张,其效果图拥有比原图更大的高亮区域;腐蚀是使原图中的高亮区域被蚕食,其效果图拥有比原图更小的高亮区域。膨胀是求局部最大值的操作,腐蚀是求局部最小值的操作。

3. API 函数

- cv2. erode(img,kernel,iterations):腐蚀。
- cv2. dilate(img,kernel,iterations):膨胀。

3.3　图像平滑

>>>学习目标>

- 了解图像中的噪声类型;
- 了解均值滤波、高斯滤波、中值滤波等图像平滑操作;
- 能够使用滤波器对图像进行处理。

3.3.1　图像噪声

图像采集、处理、传输等过程不可避免地受到噪声的污染,妨碍人们对图像的理解及分析处理。常见的图像噪声有高斯噪声、椒盐噪声(salt and pepper noise)等。

1. 椒盐噪声

椒盐噪声也称为脉冲噪声,是图像中经常见到的一种噪声,它表现为随机出现的白点或者黑点,即在亮的区域有黑色像素或在暗的区域有白色像素(或是两者皆有)。椒盐噪声的成因可能是影像信号受到突如其来的强烈干扰而产生的,可以类比数位转换器或位元传输错误等来理解。例如,失效的感应器导致像素值为最小值,饱和的感应器导致像素为最大值。图像椒盐噪声如图 3.17 所示。

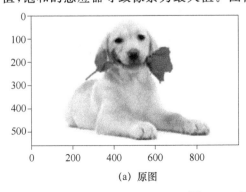

(a) 原图　　　　　　　　　　　　　(b) 加入椒盐噪声后的结果

图 3.17　图像椒盐噪声

2. 高斯噪声

高斯噪声(也称为正态噪声)是指噪声密度函数服从高斯分布的一类噪声。由于高斯噪声在空间和频域中具有数学上的易处理性,因此这种噪声模型经常被用于实践。高斯随机变量 z 的概率密度函数由下式给出:

$$p(z) = \frac{1}{\sqrt{2\pi}\sigma} \mathrm{e}^{\frac{-(z-\mu)^2}{2\sigma^2}}$$

其中,z 表示灰度值,μ 表示 z 的平均值或期望值,σ 表示 z 的标准差。标准差的平方 σ^2 称为 z 的方差。高斯函数曲线如图 3.18 所示。图像高斯噪声如图 3.19 所示。

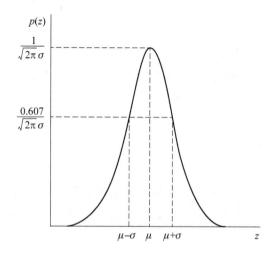

图 3.18　高斯函数曲线

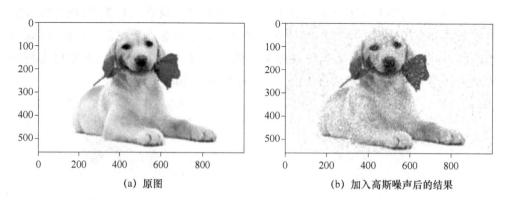

(a) 原图　　　　　　　　　　　(b) 加入高斯噪声后的结果

图 3.19　图像高斯噪声

3.3.2　图像平滑简介

图像平滑从信号处理的角度看就是去除图像中的高频信息,保留低频信息。因此,可以对图像实施低通滤波去除图像中的噪声,对图像进行平滑。根据滤波器的不同,可将图像平滑方式分为均值滤波、高斯滤波、中值滤波、双边滤波。本节只讲述前 3 种方式。

1. 均值滤波

采用均值滤波模板对图像进行滤波。令 S_{xy} 表示中心在 (x,y) 点、尺寸为 $m \times n$ 的矩形子图像窗口的坐标组。均值滤波器可表示为

$$\hat{f}(x,y) = \frac{1}{mn} \sum_{(s,t) \in S_{xy}} g(s,t)$$

均值滤波是由一个归一化卷积框完成的,它用卷积框覆盖区域内所有像素的平均值来代替中心元素。例如,3×3 标准化的平均过滤器为

$$\boldsymbol{K} = \frac{1}{9} \begin{bmatrix} 1 & 1 & 1 \\ 1 & 1 & 1 \\ 1 & 1 & 1 \end{bmatrix}$$

均值滤波的优点是算法简单,计算速度较快;缺点是在去噪的同时去除了很多细节,使图像变得模糊。

1) API:

```
cv2.blur(src,ksize,anchor,borderType)
```

参数:
◇ src:输入图像。
◇ ksize:卷积核的大小。
◇ anchor:默认值 $(-1,-1)$,表示核中心。
◇ borderType:边界类型。

2) 示例

对“./image/dogsp.jpg”进行均值滤波。

```
import numpy as np
import cv2 as cv
import matplotlib.pyplot as plt
```

```
#1 读取图像
img = cv.imread('./image/dogsp.jpg')
#2 均值滤波
blur = cv.blur(img,(5,5))
#3 图像显示
plt.figure(figsize = (10,8),dpi = 100)
plt.subplot(121),plt.imshow(img[:,:,::-1])
plt.title('原图'), plt.xticks([]), plt.yticks([])
plt.subplot(122),plt.imshow(blur[:,:,::-1])
plt.title('均值滤波后结果'), plt.xticks([]), plt.yticks([])
plt.show()
```

运行结果如图 3.20 所示。

(a) 原图   (b) 均值滤波后的结果

图 3.20   图像均值滤波效果图

2. 高斯滤波

二维高斯是构建高斯滤波器的基础,其概率分布函数为

$$G(x,y) = \frac{1}{2\pi\sigma^2}\exp\left\{-\frac{x^2+y^2}{2\sigma^2}\right\}$$

二维高斯概率分布函数是一个突起的帽子的形状,如图 3.21 所示。这里的 σ 可以看作两个值:一个是 x 方向的标准差 σ_x,另一个是 y 方向的标准差 σ_y。σ_x 和 σ_y 取值越大,整个概率分布函数的形状越趋于扁平;σ_x 和 σ_y 取值越小,整个概率分布函数的形状越突起。即,越接近中心,函数值越大,越远离中心,函数值越小。计算平滑结果时,只需要将"中心点"作为原点,其他点按照其在正态曲线上的位置分配权重,就可以得到一个加权平均值。

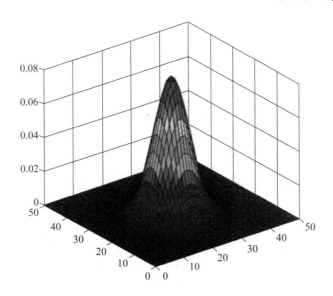

图 3.21　二维高斯概率分布函数

高斯滤波在从图像中去除高斯噪声方面非常有效,其流程如下。

第一步:确定权重矩阵

假定中心点的坐标是(0,0),那么距离它最近的 8 个点的坐标如图 3.22 所示。更远的点依此类推。

(-1, 1)	(0, 1)	(1, 1)
(-1, 0)	(0, 0)	(1, 0)
(-1, -1)	(0, -1)	(1, -1)

图 3.22　高斯滤波权重矩阵

为了计算权重矩阵,需要设定 σ 的值。假定 $\sigma=1.5$,得到模糊半径为 1 的权重矩阵,如图 3.23 所示。

这 9 个点对应的权重总和等于 0.478 714 7。如果只计算这 9 个点的加权平均,就必须让它们的权重之和等于 1。因此,将图 3.23 中的 9 个值分别除以 0.478 714 7,就得到最终的权重矩阵,如图 3.24 所示。

0.045 354 2	0.056 640 6	0.045 354 2
0.056 640 6	0.070 735 5	0.056 640 6
0.045 354 2	0.056 640 6	0.045 354 2

图 3.23 模糊半径为 1 的权重矩阵

0.094 741 6	0.118 318	0.094 741 6
0.118 318	0.147 761	0.118 318
0.094 741 6	0.118 318	0.094 741 6

图 3.24 最终的权重矩阵

第二步:计算高斯模糊值

有了权重矩阵,就可以计算高斯模糊值了。假设现有灰度图像上的 9 个像素点,灰度值在 0~255 之间,如图 3.25 所示。用图 3.25 中的每个点乘以图 3.24 中对应位置的权重值,如图 3.26 所示,得到图 3.27 所示的图像。

14	15	16
24	25	26
34	35	36

图 3.25 9 个像素点的原图

14×0.094 741 6	15×0.118 318	16×0.094 741 6
24×0.118 318	25×0.147 761	26×0.118 318
34×0.094 741 6	35×0.118 318	36×0.094 741 6

图 3.26　原图乘以权重值

1.326 38	1.774 77	1.515 87
2.839 63	3.694 03	3.076 27
3.221 21	4.141 13	3.410 7

图 3.27　原图乘以权重值后得到的图像

将图 3.27 中的 9 个值加起来,就得到了中心点的高斯模糊值。

对其他所有点重复第二步的操作,就得到了高斯滤波后的图像。如果原图是彩色图片,则可以对 R、G、B 3 个通道分别做高斯滤波。

1) API

```
cv.GaussianBlur(src,ksize,sigmax,sigmay,borderType)
```

参数:

◇ src:输入图像。

◇ ksize:高斯卷积核的大小。注意:卷积核的宽度和高度都应为奇数,且可以不同。

◇ sigmax:水平方向的标准差。

◇ sigmay:垂直方向的标准差,其默认值为 0,表示与 sigmax 相同。

◇ borderType:填充边界类型。

2) 示例

对"./image/dogGasuss.jpeg"进行高斯滤波。

```
import numpy as np
import cv2 as cv
import matplotlib.pyplot as plt
#1 读取图像
img = cv.imread('./image/dogGasuss.jpeg')
#2 高斯滤波
blur = cv.GaussianBlur(img,(3,3),1)
#3 图像显示
plt.figure(figsize = (10,8),dpi = 100)
plt.subplot(121),plt.imshow(img[:,:,::-1])
plt.title('原图'), plt.xticks([]), plt.yticks([])
plt.subplot(122),plt.imshow(blur[:,:,::-1])
plt.title('高斯滤波后结果'), plt.xticks([]), plt.yticks([])
plt.show()
```

运行结果如图 3.28 所示。

原图   高斯滤波后结果

图 3.28 高斯滤波结果

3. 中值滤波

中值滤波是一种典型的非线性滤波技术,基本思想是用像素点邻域灰度值的中值来代替该像素点的灰度值。中值滤波对椒盐噪声来说尤其有用,因为它不依赖邻域内那些与典型值差别很大的值。

1) API

```
cv2.mediaBlur(src,ksize)
```

参数：

◇ src：输入图像。

◇ ksize：高斯卷积核的大小。注意：卷积核的宽度和高度都应为奇数，且可以不同。

2）示例

对"./image/dogsp.jpeg"进行中值滤波。

```
import numpy as np
import cv2 as cv
import matplotlib.pyplot as plt
#1 读取图像
img = cv.imread('./image/dogsp.jpeg')
#2 中值滤波
blur = cv.mediaBlur(img,5)
#3 图像显示
plt.figure(figsize = (10,8),dpi = 100)
plt.subplot(121),plt.imshow(img[:,:,::-1])
plt.title('原图'), plt.xticks([]), plt.yticks([])
plt.subplot(122),plt.imshow(blur[:,:,::-1])
plt.title('中值滤波后结果'), plt.xticks([]), plt.yticks([])
plt.show()
```

运行结果如图 3.29 所示。

原图　　　　　　　　　　　　　　　　　高斯滤波后结果

图 3.29　中值滤波结果

▷▷▷ **本节总结**

1. 图像噪声
   - 椒盐噪声：图像中随机出现的白点或者黑点。
   - 高斯噪声：高斯噪声的概率密度分布是正态分布。
2. 图像平滑
   - 均值滤波：算法简单，计算速度快，但在去噪的同时去除了很多细节，容易将图像变得模糊，API 函数为 cv2.blur()。
   - 高斯滤波：用于去除高斯噪声，API 函数为 cv2.GaussianBlur()。
   - 中值滤波：用于去除椒盐噪声，API 函数为 cv2.medianblur()。

3.4 直 方 图

▷▷▷ **学习目标**

- 掌握图像的直方图的计算和显示；
- 了解掩膜的应用；
- 熟悉直方图均衡化；
- 了解自适应均衡化。

3.4.1 灰度直方图

1. 原理

直方图是对数据进行统计的一种方法，它能将统计值组织到一系列事先定义好的 bin 当中。bin 为直方图中经常用到的一个概念，可以译为"直条"或"组距"，其数值是从数据中计算出的特征统计量，这些数据可以是梯度、方向、色彩或任何其他特征。

图像直方图（image histogram）是用来表示数字图像中亮度分布的直方图，描绘了图像中每个亮度值的像素个数。在直方图中，横坐标的左侧对应较小的亮度值，而右侧对应较大的亮度值。因此，一张较暗图像的直方图中的数据集中于左侧，而整体明亮、只有少量阴影的图像则相反,如图 3.30 所示。

(a)　　　　　　　　　　　　　　　(b)

图 3.30　图像的直方图

需要注意的是,直方图是根据灰度图像进行绘制的,而不是彩色图像。由于灰度值为 0~255,即该数字范围包含 256 个值,于是可以先按一定规律将这个范围分割成相应的子区域(也就是 bin),如有一张图像的信息为

$$[0,255]=[0,15]\bigcup[16,30]\cdots\bigcup[240,255]$$

再统计每一个 $\mathrm{bin}(i)$ 的像素数目,可以得到图 3.31,其中 x 轴表示 bin,y 轴表示各个 bin 中的像素个数。

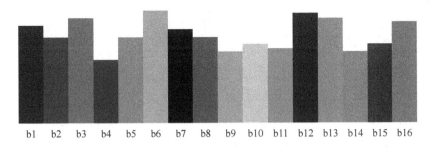

图 3.31　图像直方图

直方图有关的一些术语和细节如下。

◇ dims:需要统计的特征数目。在上例中,dims=1,因为仅仅统计了灰度值。

◇ bins:每个特征空间子区段的数目。在上例中,bins=16。

◇ range:要统计的特征的取值范围。在上例中,range=[0,255]。

直方图的意义和特点：

◇ 直方图是图像中像素强度分布的图像表示方式；

◇ 直方图统计了每一个像素强度值所对应的像素个数；

◇ 不同图像的直方图可能是相同的。

2. 直方图的计算和绘制

本节使用 OpenCV 中的方法统计直方图，并使用 Matplotlib 将其绘制出来。

1）API

```
cv2.calcHist(image,channels,mask,histSize,ranges[hist[accumulate]])
```

参数：

◇ image：原图像，传入函数时应该用"[]"括起来，如[img]。

◇ channels：传入的图像通道参数。如果输入图像是灰度图像，传入的参数就是 [0]；如果是彩色图像，传入的参数可以是[0]、[1]、[2]，它们分别对应着 B、G、R。

◇ mask：掩膜图像。要统计整幅图像的直方图，就把它设为 None；要统计图像 某一部分的直方图，就需要制作一个掩膜图像，并使用它（后续将举例说明如 何使用掩膜）。

◇ histSize：bin 的数目，也用"[]"括起来，如[256]。

◇ ranges：像素值范围，通常为[0,255]。

2）示例

绘制"./image/cat.jpeg"的直方图。

```
import numpy as np
import cv2 as cv
from matplotlib import pyplot as plt
#1 读取图像
img = cv.imread('./image/cat.jpeg',0)
#2 统计灰度图
histr = cv.calcHist([img],[0],None,[256],[0,255])
#3 绘制灰度图
plt.figure(figsize = (10,6),dpi = 100)
plt.plot(histr)
plt.grid()
plt.show()
```

运行结果如图 3.32 所示。

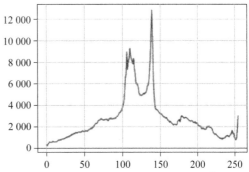

图 3.32　图像的直方图

3. 掩膜的应用

掩膜(mask)是用选定的图像、图形或物体对要处理的图像进行遮挡,从而控制图像处理的区域。在数字图像处理中,通常使用二维矩阵数组进行掩膜。掩膜是一个由 0 和 1 组成的二进制图像,利用该掩膜图像对要处理的图像进行掩膜,其中 1 值的区域被处理,0 值的区域被屏蔽而不被处理。

掩膜的主要用途如下。

◇ 提取感兴趣区域:用预先制作的感兴趣区域掩膜与待处理图像进行"与"操作,得到感兴趣区域图像,感兴趣区域图像值保持不变,而区域外图像值都为 0。

◇ 屏蔽作用:用掩膜对图像上某些区域做屏蔽,使其不参加处理或不参加处理参数的计算,或仅对屏蔽区做处理或统计。

◇ 结构特征提取:用相似变量或图像匹配方法检测和提取图像中与掩膜相似的结构特征。

◇ 特殊形状图像制作。

掩膜在遥感图像处理中使用较多,当提取道路、河流、房屋时,通过一个掩膜矩阵对图像进行像素过滤,然后将我们需要的地、物或者标志突出显示出来。

通常,使用 cv2.calcHist()查找完整图像的直方图。如果要查找图像内某些区域的直方图,那该如何操作呢?只需在要查找直方图的区域上创建一个白色的掩膜图像,在其余区域上创建黑色,然后将其作为掩膜进行传递即可。

示例:查找"./image/cat.jpeg"的[400∶650,200∶500]区域的直方图,并绘制图像掩膜后的结果和直方图。

```python
import numpy as np
import cv2 as cv
from matplotlib import pyplot as plt
#1 直接以灰度图的方式读入
img = cv.imread('./image/cat.jpeg',0)
#2 创建蒙版
mask = np.zeros(img.shape[:2],np.nint8)
mask[400:650,200:500] = 255
#3 掩膜
masked_img = cv.bitwise_and(img,img,mask = mask)
#4 统计掩膜后图像的灰度图
mask_histr = cv.calcHist([img],[0],mask,[256],[1,256])
#5 图像展示
fig,axes = plt.subplots(nrows = 2,ncols = 2,figsize = (10,8))
axes[0,0].imshow(img,cmap = plt.cm.gray)
axes[0,0].set_title('原图')
axes[0,1].imshow(img,cmap = plt.cm.gray)
axes[0,1].set_title('蒙版数据')
axes[1,0].imshow(mask_img,cmap = plot.cm.gray)
axes[1,0].set_title('掩膜后数据')
axes[1,1].plot(mask_histr)
axex[1,1].grid()
axes[1,1].set_title('灰度直方图')
plt.show()
```

运行结果如图 3.33 所示。

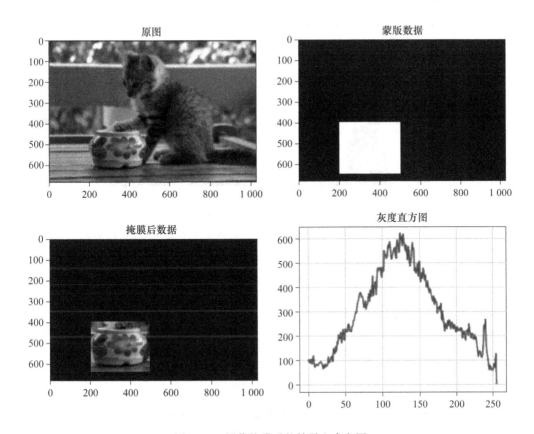

图 3.33　图像掩膜后的结果和直方图

3.4.2　直方图均衡化

1. 原理与应用

　　想象一下,如果一幅图像中的大多数像素点的像素值都集中在某一个小的灰度值范围内会如何呢?如果一幅图像整体很亮,那么所有的像素值的取值数应该都很高,所以把它的直方图做一个横向拉伸,如图 3.34 所示,就可以扩大图像像素值的分布范围,提高图像的对比度,这就是直方图均衡化要做的事情。

　　直方图均衡化是把原始图像的灰度直方图从比较集中的某个灰度区间变成在更广泛灰度范围内的分布,也就是对图像的灰度直方图进行非线性拉伸,重新分配图像像素值,使一定灰度范围内的像素数量大致相同。这种方法能够提高图像整体的对比度,特别是当图像中有用数据的像素值分布比较接近时,如在 X 光图像中进行直方图均衡化,可以增强骨架结构的显示。另外,在曝光过度或不足的图像中进行直方图均衡化,可以更好地突出细节。

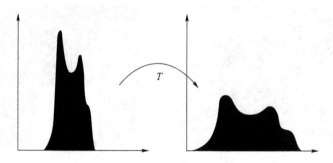

图 3.34　直方图均衡化示意图

1) API

```
dst = cv2. equalizeHist(img)
```

参数:

◇ img:灰度图像。

返回:

◇ dst:均衡化后的结果。

2) 示例

对". /image/cat. jpeg"进行直方图均衡化,并显示结果。

```
import numpy as np
import cv2 as cv
from matplotlib import pyplot as plt
#1 直接以灰度图的方式读入
img = cv. imread('. /image/cat. jpeg',0)
#2 均衡化处理
dst = cv. equalizeHist(img)
#3 结果显示
fig,axes = plt. subplots(nrows = 2,ncols = 2,figsize = (10,8),dpi = 100)
axes[0]. imshow(img,cmap = plt. cm. gray)
axes[0]. set_title('原图')
axes[1]. imshow(dst,cmap = plot. cm. gray)
axes[1]. set_title('均衡化后结果')
plt. show()
```

运行结果如图 3.35 所示。

图 3.35　图像直方图均衡化显示结果

2. 自适应的直方图均衡化

上述的直方图均衡考虑的是图像的全局对比度。在进行完直方图均衡化之后，图 3.35 中背景的对比度明显被改变了，但猫腿这里还是太暗，使图像丢失了很多信息；又如图 3.36 所示的两幅图像中雕像的画面，由于直方图均衡化后图像太亮，也丢失了很多信息。所以，在许多情况下，这样做的效果并不好。

(a) 原图　　　　　　　　　　　　　　(b) 直方图均衡化后

图 3.36　直方图均衡化前后对比

为了解决这个问题，需要使用自适应的直方图均衡化。此时，整幅图像先被分成很多小块，这些小块被称为"tile"（在 OpenCV 中，tile 的尺寸默认是 8×8），再对每一个小块分别进行直方图均衡化。所以，直方图会集中在某一个小的区域中，如果有噪声，噪声会被放大。为了避免这种情况的出现，要使用对比度限制。对于每个小块来说，如果直方图中的 bin 超过对比度上限，就先把其中的像素点均匀地分散到其他 bin 中，再进行直方图均衡化，如图 3.37 所示。最后，为了去除每一个小块之间的边界,再使用双线性差值,对相邻的小块进行拼接。

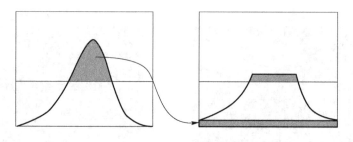

图 3.37 自适应的直方图均衡化原理

1) API

```
cv2.creatCLAHE(clipLimit,tileGridSize)
```

参数：

◇ clipLimit：对比度限制,默认是 40。

◇ tileGridSize：分块的大小,默认尺寸为 8×8。

2) 示例

对"./image/cat.jpeg"进行自适应的直方图均衡化。

```
import numpy as np
import cv2 as cv
from matplotlib import pyplot as plt
#1 以灰度图形式读取图像
img = cv.imread('./image/cat.jpeg',0)
#2 创建一个自适应的直方图均衡化的对象,并应用于图像
clahe = cv.creatCLAHE(clipLimit = 2.0,tileGridSize = (8,8))
cl1 = clahe.apply(img)
#3 结果显示
fig,axes = plt.subplots(nrows = 1,ncols = 2,figsize = (10,8),dpi = 100)
axes[0].imshow(img,cmap = plt.cm.gray)
axes[0].set_title('原图')
axes[1].imshow(cl1,cmap = plot.cm.gray)
axes[1].set_title('自适应的直方图均衡化后结果')
plt.show()
```

运行结果如图 3.38 所示。

原图

自适应的直方图均衡化后结果

图 3.38　图像自适应的直方图均衡化

▷▷▷**本节总结**

1. 灰度直方图的意义和特点：
   - 直方图是图像中像素强度分布的图像表达方式；
   - 它统计了每一个强度值所具有的像素个数；
   - 不同图像的直方图可能是相同的。

   API：cv2.calcHist(image,channels,mask,histSize,ranges[hist[accumulate]])
2. 掩膜：创建的图像蒙版，透过 mask 进行传递，可获取感兴趣区域的直方图。
3. 直方图均衡化：增强图像对比度的一种方法。

   API：cv2.equalizeHist()，输入是灰度图像，输出是直方图均值图像。
4. 自适应的直方图均衡化过程：先将整幅图像分成很多小块，再对每一个小块分别进行直方图均衡化，最后进行拼接。

   API：clahe = cv2.createCLAHE(clipLimit,tileGridSize)。

3.5　边　缘　检　测

▷▷▷**学习目标**

- 了解 Sobel 算子和 Laplacian 算子；
- 掌握 Canny 边缘检测的原理及应用。

3.5.1 边缘检测原理

边缘检测是图像处理和计算机视觉中的基本问题,边缘检测的目的是检测数字图像中亮度变化明显的点。图像属性中的某些量显著变化通常反映了该变量属性的重要事件和变化。边缘的表现形式如图 3.39 所示。

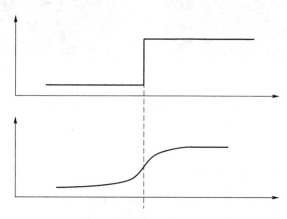

图 3.39 图像边缘的表现形式

图像边缘检测大幅度地减少了数据量,并且剔除了被认为不相关的信息,保留了图像中重要的结构属性。有许多方法可被用于边缘检测,他们中的绝大部分可以被归纳为基于搜索和基于零穿越的两类检测。

1. 基于搜索的边缘检测

此类检测通过寻找图像一阶导数中的最大值来检测边缘,利用计算机结果估计边缘的局部方向(通常采用梯度的方向),并利用此方向找到局部梯度模的最大值。代表算子是 Sobel 算子和 Scharr 算子。

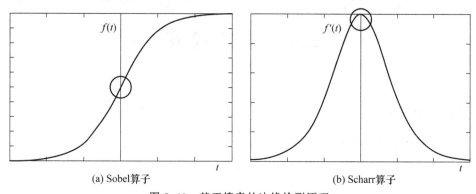

(a) Sobel算子   (b) Scharr算子

图 3.40 基于搜索的边缘检测原理

2. 基于零穿越的边缘检测

此类检测通过寻找图像的二阶导数零穿越来寻找边界。代表算子是 Laplacian 算子。

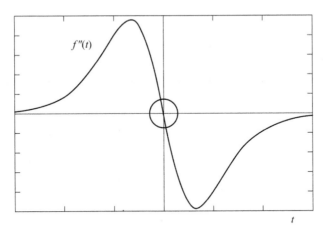

图 3.41　基于零穿越的边缘检测原理

3.5.2　Sobel 算子

Sobel 算子比较简单,在实际应用中其效率比 Canny 边缘检测(详见 3.5.4)效率高,虽然不如 Canny 边缘检测准确,但是在很多实际应用的场合,Sobel 算子是首选。Sobel 算子是高斯平滑与微分操作的结合体,所以其抗噪声能力很强,用途较多,尤其在对效率要求较高而对细纹理不太关心的时候,多使用 Sobel 算子。

1. 方法

对于不连续的函数,一阶导数可以写作

$$f'(x) = f(x+1) - f(x)$$

或

$$f'(x) = f(x) - f(x-1)$$

所以有

$$f'(x) = \frac{f(x+1) - f(x-1)}{2}$$

假设要处理的图像为 I,在水平和垂直两个方向的求导如下。

1) 水平方向

将图像 I 与奇数大小的模板进行卷积,结果为 G_x。比如,当模板大小为 3 时,

G_x 为

$$G_x = \begin{bmatrix} -1 & 0 & +1 \\ -2 & 0 & +2 \\ -1 & 0 & +1 \end{bmatrix} * I$$

2）垂直方向

将图像 I 与奇数大小的模板进行卷积，结果为 G_y。比如，当模板大小为 3 时，G_y 为

$$G_y = \begin{bmatrix} -1 & -2 & -1 \\ 0 & 0 & 0 \\ +1 & +2 & +1 \end{bmatrix} * I$$

对图像上的每一点，结合以上两个结果求出：

$$G = \sqrt{G_x^2 + G_y^2}$$

统计 G 的极大值所在的位置，就是图像的边缘。

需要注意的是，当模版大小为 3 时，使用 Sobel 算子可能产生比较明显的误差，为解决这一问题，通常使用 Scharr 算子，但该函数仅作用于大小为 3 的内核。该算子的运算和 Sobel 算子一样快，但结果却更加精确，其计算方法为

$$G_x = \begin{bmatrix} -3 & 0 & +3 \\ -10 & 0 & +10 \\ -3 & 0 & +3 \end{bmatrix} * I$$

$$G_y = \begin{bmatrix} -3 & -10 & -3 \\ 0 & 0 & 0 \\ +3 & +10 & +3 \end{bmatrix} * I$$

2. 利用 OpenCV 进行 Sobel 边缘检测的应用

1）API

```
Sobel_x_or_y = cv2.Sobel(src,ddepth,dx,dy,dst,ksize,scale,delata,
borderType)
```

参数：

◇ Src：传入的图像。

◇ ddepth：图像的深度。

◇ dx 和 dy：求导的阶数，取值为 0、1，取 0 表示在这个方向上不求导。

◇ ksize：Sobel 算子的大小，即卷积核的大小，必须为奇数 1、3、5、7，默认为 3。

注意：如果 ksize＝－1，Sobel 算子就演变成为 3×3 的 Scharr 算子。

◇ scale：缩放导数的比例常数，默认为 1，即没有缩放。

◇ borderType：图像边界的模式，默认值为 cv2. BORDER_DEFAULT。

Sobel 函数的求导结果可能是负值，还可能是大于 255 的值。而原图像的格式是 uint8，即 8 位无符号数，所以利用 Sobel 函数建立的图像位数不够，会发生截断。因此要使用 16 位有符号的数据类型，即 cv2. cv_16S，在处理完图像后，再使用 cv2. converScaleAbs() 函数将其转回原来的 uint8 格式，否则图像无法显示。

因为 Sobel 算子是在两个方向计算的，所以最后还需要用 cv2. addWeighted() 函数将计算结果组合起来。

```
Scale_abs = cv2.covertScaleAbs(x)                    ＃格式转换函数
result = cv2.addWeighted(src1,alpha,src2,beta)       ＃图像混合
```

2）示例

利用 Sobel 算子对"./image/horse.jpg"进行边缘检测。

```
import numpy as np
import cv2 as cv
from matplotlib import pyplot as plt
#1 读取图像
img = cv.imread('./image/horse.jpg',0)
#2 计算 Sobel 卷积结果
x = cv.Sobel(img,cv.CV_16S,1,0)
y = cv.Sobel(img,cv.CV_16S,0,1)
#3 将数据进行转换
Scale_absX = cv.covertScaleAbs(x) #convert 转换,scale 缩放
Scale_absY = cv.covertScaleAbs(y)
#4 结果合成
result = cv.addWeighted(Scale_absX,0.5,Scale_absY,0.5,0)
#5 图像显示
plt.figure(figsize = (10,8),dpi = 100)
plt.subplot(121),plt.imshow(img,cmap = plt.cm.gray)
```

```
plt.title('原图'), plt.xticks([]), plt.yticks([])
plt.subplot(122),plt.imshow(result,cmap = plt.cmgray)
plt.title('Sobel 检测后结果'), plt.xticks([]), plt.yticks([])
plt.show()
```

运行结果如图 3.42 所示。

原图

Sobel检测后结果

图 3.42　Sobel算子边缘检测结果

将上述代码计算 Sobel 算子的部分中的 ksize 设为－1,即利用 Scharr 算子进行边缘检测:

```
x = cv2.Sobel(img,cv.CV_165,1,0,ksize = -1)
y = cv2.Sobel(img,cv.CV_165,0,1,ksize = -1)
```

运行结果如图 3.43 所示。

原图

Scharr检测后结果

图 3.43　Scharr算子边缘检测结果

3.5.3　Laplacian 算子

Laplacian 算子是利用二阶导数来检测边缘的。因为图像是二维的,所以需要在两个方向求导:

$$\Delta\mathrm{src}=\frac{\partial^2\,\mathrm{src}}{\partial x^2}+\frac{\partial^2\,\mathrm{src}}{\partial y^2}$$

不连续函数的二阶导数是

$$f''(x)=f'(x+1)-f'(x)=f(x+1)+f(x-1)-2f(x)$$

此处使用的卷积核是

$$\mathrm{kernel}=\begin{bmatrix}0 & 1 & 0\\1 & -4 & 1\\0 & 1 & 0\end{bmatrix}$$

1) API

```
laplacian = cv2.Laplacian(src,ddepth[,dst[,ksize[,scale[,deltal[,
borderType]]]]])
```

参数:

✧ src:需要处理的图像。

✧ ddepth:图像的深度。−1 表示采用的是与原图像相同的深度,目标图像的深度必须大于或等于原图像的深度。

✧ ksize:算子的大小,即卷积核的大小,必须为 1、3、5、7。

2) 示例

用 Laplacian 算子对"./image/horse.jpg"进行边缘检测。

```
import numpy as np
import cv2 as cv
from matplotlib import pyplot as plt
#1 读取图像
img = cv.imread('./image/horse.jpg',0)
#2 Laplacian 转换
result = cv.Laplacian(img,cv.CV_165)
Scale_abs = cv.convertScaleAbs(result)
```

```
#3 图像展示
plt.figure(figsize = (10,8),dpi = 100)
plt.subplot(121),plt.imshow(img,cmap = plt.cm.gray)
plt.title('原图'), plt.xticks([]), plt.yticks([])
plt.subplot(122),plt.imshow(Scale_abs,cmap = plt.cm.gray)
plt.title('Laplacian 检测后结果'), plt.xticks([]), plt.yticks([])
plt.show()
```

运行结果如图 3.44 所示。

原图　　　　　　　　　　　　　　　Laplacian检测后结果

 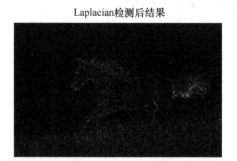

图 3.44　Laplacian 算子边缘检测结果

3.5.4　Canny 边缘检测

Canny 边缘检测算法是一种非常流行的边缘检测算法,是 John F. Canny 于 1986 年提出的,被认为是目前最优的边缘检测算法。

1. 原理

Canny 边缘检测算法由以下 4 个步骤构成。

第一步:噪声去除

由于边缘检测很容易受到噪声的影响,所以首先使用 5×5 高斯滤波器去除噪声。在 3.3 节中已经介绍过如何去除噪声。

第二步:计算图像梯度

对平滑后的图像使用 Sobel 算子分别计算水平方向和竖直方向的一阶导数(G_x 和 G_y)。根据得到的两幅梯度图(G_x 和 G_y)找到边界的梯度和方向:

$$\text{Edge\_Gradient}(G) = \sqrt{\boldsymbol{G}_x^2 + \boldsymbol{G}_y^2}$$

$$\text{Angle}(\theta) = \tan^{-1}\left(\frac{\boldsymbol{G}_y}{\boldsymbol{G}_x}\right)$$

如果某个像素点是边缘,则其梯度方向总是垂直于边缘。梯度方向被归为四类:垂直、水平和两个对角线方向。

第三步:非极大值抑制

在获得梯度的方向和大小之后,对整幅图像进行扫描,去除那些非边界的点。对每一个像素进行检查,看这个点的梯度是不是周围具有相同梯度方向的点中最大的。

如图 3.45 所示,点 A 位于图像的边缘,在其梯度变化方向,选择像素点 B 和 C 来检验点 A 的梯度是否为极大值。若为极大值,则保留点 A;否则点 A 被抑制。最终的结果是得到具有"细边"的二进制图像。

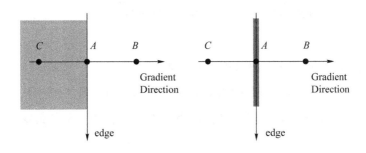

图 3.45　非极大值抑制

第四步:滞后阈值

本步要确定真正的边界。我们设置两个阈值:minVal 和 maxVal。灰度梯度高于 maxVal 的边界被认为是真的边界,低于 minVal 的边界会被抛弃;如果灰度梯度介于两者之间,就要看这个点是否与某个被确定为真正边界的点相连,如果是就认为它也是边界点,如果不是就抛弃。

如图 3.46 所示,点 A 高于阈值 maxVal,所以是真正的边界点;点 C 低于 maxVal、高于 minVal 并且与点 A 相连,所以也被认为是真正的边界点;而点 B 会被抛弃,因为它低于 maxVal 而且不与真正的边界点相连。

选择合适的 maxVal 和 minVal 对于得到好的结果非常重要。

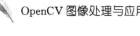
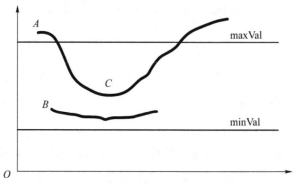

图 3.46　滞后阈值

2. 利用 OpenCV 进行 Canny 边缘检测的应用

1）API

```
canny = cv2.Canny(image,threshold1,threshold2)
```

参数：

◇ image：要实现 Canny 边缘检测的灰度图。

◇ threshold1：minVal，较小的阈值，用于将间断的边缘连接起来。

◇ threshold2：maxVal，较大的阈值，用于检测图像中明显的边缘。

2）示例

利用 Canny 边缘检测对".／image／horse.jpg"进行边缘检测。

```
import numpy as np
import cv2 as cv
from matplotlib import pyplot as plt
#1 读取图像
img = cv.imread('./image/horse.jpg',0)
#2 Canny 边缘检测
lowThreshold = 0
max_lowThreshold = 100
canny = cv.Canny(img,lowThreshold,max_lowThreshold)
#3 图像展示
plt.figure(figsize = (10,8),dpi = 100)
```

```
plt.subplot(121),plt.imshow(img,cmap = plt.cm.gray),plt.title('原图')
plt.xticks([]), plt.yticks([])
plt.subplot(122),plt.imshow(Scale_abs,cmap = plt.cm.gray)
plt.title('Canny 检测后结果'), plt.xticks([]), plt.yticks([])
plt.show()
```

运行结果如图 3.47 所示。

原图

Canny检测后结果

图 3.47　Canny 边缘检测结果

>> **本节总结**

1. 边缘检测的原理
   - 基于搜索的边缘检测:利用一阶导数的最大值获取边界。
   - 基于零穿越的边缘检测:利用二阶导数为 0 获取边界。
2. Sobel 算子
   该算法是基于搜索的边缘检测方法,相关的 API 函数为:cv2. Sobel()、cv2. converScaleAbs()、cv2. addWeighted()。
3. Laplacian 算子
   该算法是基于零穿越的边缘检测算法,相关的 API 函数为 cv2. Laplacian()。
4. Canny 算法流程
   第一步　噪声去除:采用高斯滤波器。
   第二步　计算图像梯度:使用 Sobel 算子计算梯度大小和方向。
   第三步　非极大值抑制:利用梯度方向像素来判断当前像素是否为边界点。
   第四步　滞后阈值:利用设置的两个阈值确定最终的边界。
5. 算子比较

表 3.3　边缘检测算子优缺点比较

算子	优缺点比较
Roberts	对具有陡峭的低噪声图像处理效果较好,但利用 Roberts 算子提取边缘的结果是边缘比较粗,因此边缘定位不是很准确
Sobel	对灰度渐变和噪声较多的图像处理效果较好,Sobel 算子对边缘定位比较准确
Krisch	对灰度渐变和噪声较多的图像处理效果较好
Prewitt	对灰度渐变和噪声较多的图像处理效果较好
Laplacian	对图像中的阶跃性边缘点定位准确,对噪声非常敏感,容易丢失一部分边缘的方向信息,造成一些不连续的检测边缘
LoG	LoG 算子(详见 4.3 节)经常检测出双边缘像素边界,对噪声比较敏感,很少用于检测边缘,通常用来判断边缘像素是位于图像的明区还是暗区
Canny	不容易受噪声的干扰,能够检测到真正的弱边缘,是 edge 函数中最有效的边缘检测方法。该方法的优点是使用两种不同的阈值分别检测强边缘和弱边缘,并且仅当弱边缘与强边缘相连时,才将弱边缘包含在输出图像中。因此,这种方法不容易被噪声"填充",更容易检测出真正的弱边缘

注:本书只对常用的 Sobel 算子、Laplacian 算子和 Canny 算子进行了介绍,上述其他算子不常用,如有需要,可参考 OpenCV 函数库的参数库介绍,此处不再赘述。

3.6　模板匹配和霍夫变换

》》》学习目标》

- 掌握模板匹配的原理,能完成模板匹配的应用;
- 理解霍夫线变换的原理并掌握霍夫线变换过程,了解霍夫圆检测;
- 理解使用 OpenCV 如何进行线和圆检测。

3.6.1　模板匹配

1. 原理

所谓的模板匹配,就是在给定的图片中查找和模板最相似的区域。该算法的输入包括模板和图片,整个任务的思路就是通过滑窗不断地移动模板图片,计算其与图像中对应区域的匹配度,并将匹配度最高的区域作为最终结果。

模板匹配的实现流程如下。

第一步:准备两幅图像——原图像和模板,如图 3.48 所示。

- 原图像(I):在这幅图中找到与模板相匹配的区域。
- 模板(T):与原图像进行比对的图像块。

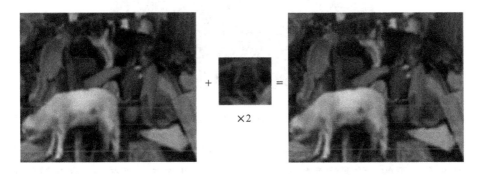

图 3.48　原图像、模板和比对图像(从左至右)

第二步:滑动模板图像和原图进行比对。模板每移动一个像素(从左往右,从上往下),都计算一次原图像上此位置与模板图像的相似程度。

图 3.49　滑动模板图像和原图进行比对

第三步:对于每一个位置将计算的相似程度结果保存在结果 R 矩阵中。如果输入图像的大小为 $W \times H$,且模板图像的大小为 $w \times h$,则 R 矩阵的大小为 $(W-w+1) \times (H-h+1)$。将 R 矩阵显示为图像,如图 3.50 所示。

图 3.50 **R** 矩阵的图像显示

第四步：获得上述图像后，查找最大值所在的位置，该位置对应的区域就被认为是与模板最匹配的。需要注意的是，对应的区域是以该点为顶点，长、宽和模板大小一样的矩阵。

2. 实现

1）API

res = cv2.matchTemplate(img,template,method)

参数：

◇ img：要进行模板匹配的原图像。

◇ template：模板。

◇ method：实现模板匹配的算法，主要有以下 3 种。

☞ 平方差匹配（CV_TM_SQDIFF）：利用模板与原图像之间的平方差进行匹配，最好的匹配对应的平方差为 0，匹配越差，对应的平方差的值越大。

☞ 相关匹配（CV_TM_CCORR）：利用模板与原图像间的乘法进行匹配，数值越大，匹配程度越高，越小，匹配效果越差。

☞ 利用相关数匹配（CV_TM_CCOEFF）：利用模板与原图像间的相关数进行匹配，数值为 1 表示完美的匹配，为 −1 表示最差的匹配。

完美匹配后，使用 cv2.minMaxLoc() 函数查找最大值所在的位置即可。如果使用平方差匹配，则最小值所在位置是最佳匹配位置。

2）示例

在该案例中，载入要搜索的原图像和模板，原图像如图 3.51 所示。模板如图 3.52 所示。通过 cv2. matchTemplate()实现模板匹配，使用 cv2. minMaxLoc 定位最匹配的区域，并用矩形标注最匹配的区域。

图 3.51　原图像

图 3.52　模板（尺寸有所放大）

```
import numpy as np
import cv2 as cv
from matplotlib import pyplot as plt
#1 图像和模板读取
img = cv. imread('./image/wulin2. jpeg')
template = cv. imread('./image/wulin. jpeg')
h,w,l = template. shape
#2 模板匹配
#2.1 模板匹配
res = cv. matchTemplate(img,template,cv. TM_CCORR)
#2.2 返回图像中最匹配的位置,确定左上角的坐标,并将匹配位置绘制在图像上
min_val,max_val,min_loc,max_loc = cv. minMaxLoc(res)
#使用平方差时最小值为最佳匹配位置
#top_left = min_loc
```

```
top_left = max_loc
bottom_right = (top_left[0] + w, top_left[1] + h)
cv.rectangle(img, top_left, bottom_right, (0, 255, 0), 2)
#3 图像显示
plt.imshow(img[:, :, :: −1])
plt.title('匹配结果')
plt.show()
```

运行结果如图 3.53 所示。

匹配结果

图 3.53 图像匹配结果

拓 展

模板匹配不适用于缩放、变换后的图像,这时就要使用关键点检测算法,比较经典的关键点检测算法包括 SIFT 和 SURF 等,其主要的思路是:首先通过关键点检测算法获取模板和测试图片中的关键点,然后使用关键点匹配算法处理即可。这些关键点可以很好地处理缩放、旋转变换、光照变化等,具有很好的不变性。

3.6.2 霍夫变换

霍夫变换常用来提取图像中的直线和圆等几何形状,如图 3.54 所示。

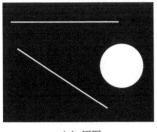
（a）原图

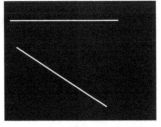
（b）霍夫线变换：提取直线

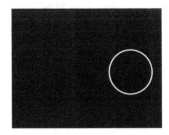
（c）霍夫圆变换：提取圆

图 3.54　霍夫变换中的线变换、圆变换

1. 原理

在笛卡儿坐标系中，一条直线由两个点 $A=(x_1,y_1)$ 和 $B=(x_2,y_2)$ 确定，如图 3.55 所示。将直线 $y=kx+q$ 写成关于 (k,q) 的函数表达式：

$$\begin{cases} q=-kx_1+y_1 \\ q=-kx_2+y_2 \end{cases}$$

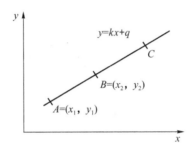

图 3.55　坐标系中的直线

对应的变换可通过图像直观地表示，如图 3.56 所示。

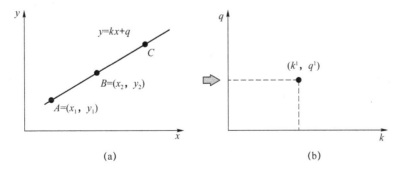

（a）　　　　　　　　　（b）

图 3.56　笛卡儿-霍夫空间变换

变换后的空间称为霍夫空间。即:笛卡儿坐标系中的一条直线,对应于霍夫空间中的一个点。反过来同样成立,霍夫空间中的一条线,对应于笛卡儿坐标系中一个点,如图 3.57 所示。

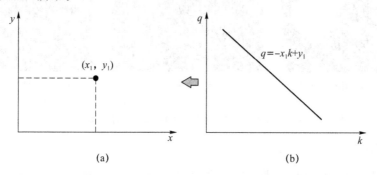

图 3.57　霍夫空间-笛卡儿坐标系变换

笛卡儿坐标系中两点、三点共线情况下的霍夫空间变换情形分别如图 3.58 和图 3.59 所示。

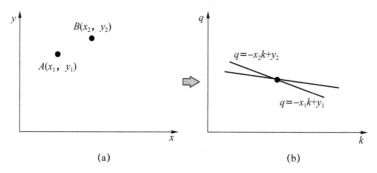

图 3.58　两点霍夫空间变换情形

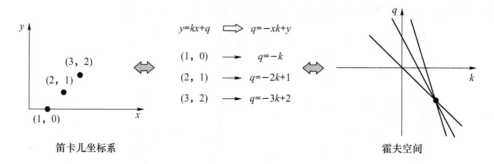

图 3.59　三点共线霍夫空间变换情形

可以看出,如果笛卡儿坐标系中的点共线,那么这些点在霍夫空间中对应的直线交于一点。如果存在不止一条直线,如图 3.60 所示,则应选择尽可能多的直线汇成的点,如图 3.60 中 3 条直线汇成的 A、B 两点,将其对应到笛卡儿坐标系中,会得到如图 3.61 所示的直线。

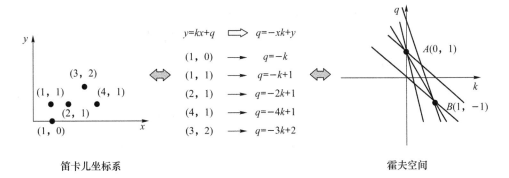

图 3.60　笛卡儿-霍夫空间对应关系图一

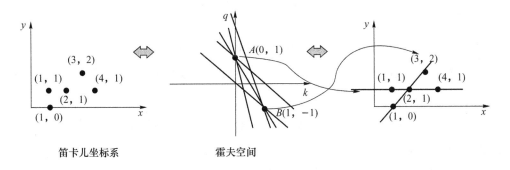

图 3.61　笛卡儿-霍夫空间对应关系图二

到这里,我们似乎已经完成了霍夫变换的求解。但如果遇到如图 3.62 所示的情况,三点所在的直线是 $x=2$,那么 (k,q) 应该怎么确定呢? 为了解决这个问题,我们考虑将笛卡儿坐标系转换成极坐标系,如图 3.63 所示。

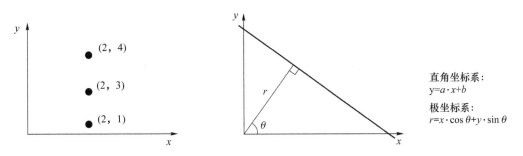

图 3.62　特殊情形　　　　图 3.63　笛卡儿坐标转极坐标

77

与笛卡儿坐标系一样，极坐标系中的点对应于霍夫空间中的线，这时的霍夫空间不是由参数 (k, q) 张成的空间，而是由 (ρ, θ) 张成的空间，如图 3.64 所示，ρ 是原点到直线的垂直距离，θ 表示原点到直线的垂线与横轴顺时针方向的夹角，垂直线对应的角度为 0°，水平线对应的角度是 180°。因此，只要求得霍夫空间中交点的位置，即可得到原坐标系下的直线。

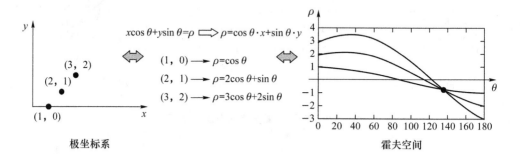

图 3.64　笛卡儿坐标系转极坐标

假设有一个大小为 100×100 的图片，使用霍夫变换检测图片中的直线，步骤如下。

第一步：直线都可以使用 (ρ, θ) 表示，首先创建一个 2D 数组（累加器），初始化所有值为 0，ρ 表示行，θ 表示列，如图 3.65 所示。该数组的大小决定了结果的准确性，若希望角度的精度为 1 度，那就需要 180 列。对于 ρ，最大值为图像对角线的距离，如果希望其精度达到像素级别，那么行数应该与图像对角线的距离相等。

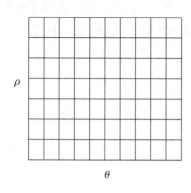

图 3.65　累加器

第二步：取直线上的第一个点 (x,y)，将其带入直线在极坐标系中的公式，然后遍历 θ 的取值 $0,1,2,\cdots,180$，分别求出对应的 ρ 值，如果这个值在累加器中存在相应的位置，则在该位置上加 1。

第三步：取直线上的第二个点，重复第二步，更新累加器中的值。对图像中直线上的每个点都执行以上步骤，每次更新累加器中的值。

第四步：搜索累加器中的最大值，并找到其对应的 (ρ,θ)，就可将图像中的直线表示出来了。

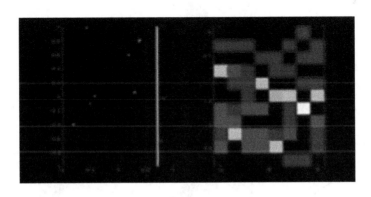

图 3.66　霍夫空间直线检测结果

2. 霍夫线检测

1）API

```
cv2.HoughLines(img,rho,theta,threshold)
```

参数：

◇ img：用于检测的图像，要求是二值化的图像。所以，在调用霍夫变换之前要对图像进行二值化，或者进行 Canny 边缘检测。

◇ rho、theta：ρ 和 θ 的精确度。

◇ threshold：阈值，只有累加器中的值高于该阈值时检测结果才被认为是直线。

霍夫线检测的整个流程如图 3.67 所示。

2）示例

检测图 3.68 中的直线。

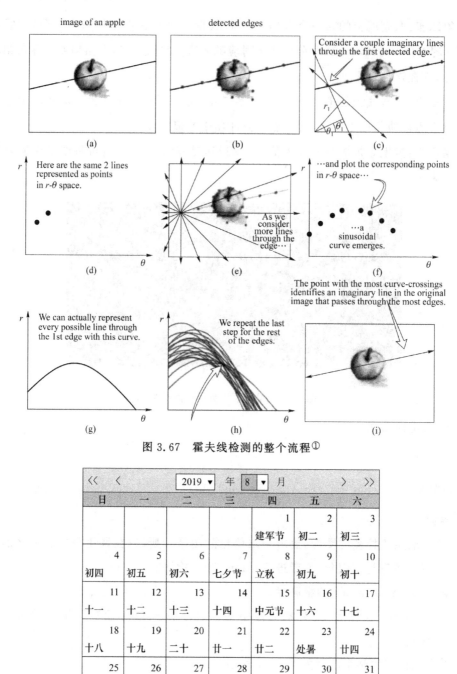

图 3.67　霍夫线检测的整个流程①

图 3.68　待检测图像

___
① 　此图是 Stack Overflow 网站上关于霍夫线变换的解释。

```python
import numpy as np
import random
import cv2 as cv
import matplotlib.pyplot as plt
#1 加载图片,转为二值图
img = cv.read('./image/rili.jpg')

gray = cv.cvColor(img.cv.COLOR_BGR2GRAY)
edges = cv.Canny(gray,50,150)


#2 霍夫直线变换
lines = cv.HoughLines(edges,0.8,np.pi/180,150)
#3 将检测的线绘制在图像上(注意是极坐标)
for line in lines:
    rho,theta = line[0]
    a = np.cos(theta)
    b = np.sin(theta)
    x0 = a * rho
    y0 = b * rho
    x1 = int(x0 + 1000 * ( - b))
    y1 = int(y0 + 1000 * (a))
    x2 = int(x0 - 1000 * ( - b))
    y2 = int(y0 - 1000 * (a))
    cv.line(img,(x1,y1),(x2,y2),(0,255,0))
#4 图像显示
plt.figure(figsize = (10,8),dpi = 100)
plt.imshow(img[:,:,:: - 1]),plt.title('霍夫变换线检测')
plt.show()
```

运行结果如图 3.69 所示。

霍夫变换线检测

日	一	二	三	四	五	六
≪ <		2019 ▾ 年 8 ▾ 月			> ≫	
				1 建军节	2 初二	3 初三
4 初四	5 初五	6 初六	7 七夕节	8 立秋	9 初九	10 初十
11 十一	12 十二	13 十三	14 十四	15 中元节	16 十六	17 十七
18 十八	19 十九	20 二十	21 廿一	22 廿二	23 处暑	24 廿四
25 廿五	26 廿六	27 廿七	28 廿八	29 廿九	30 八月	31 初二

图 3.69　霍夫变换线检测

3. 霍夫圆检测

1）原理

圆的表达式是

$$(x-a)^2+(y-b)^2=r$$

其中,a 和 b 表示圆心坐标,r 表示圆半径,因此标准的霍夫圆检测就是在由这 3 个参数组成的三维空间累加器上进行的圆形检测,但此时效率很低。一般,OpenCV 中使用霍夫梯度法进行圆形检测。

霍夫梯度法将霍夫圆检测范围分成两个阶段:第一阶段检测圆心,第二阶段利用圆心推导出半径。

✧ 圆心检测的原理:圆心是圆周法线的交汇点,设置一个阈值,若在某点相交的直线的条数大于这个阈值就认为该交汇点为圆心。

✧ 圆半径确定原理:圆心到圆周上的距离(半径)是确定的,设置一个阈值,只要相同距离的数量大于该阈值,就认为该距离是该圆心的半径。

原则上,霍夫变换可以用于检测任何形状,但检测复杂的形状需要的参数多,霍夫空间的维度就多,因此在程序实现所需的内存空间上以及运行效率上都不利于把标准霍夫变换应用于实际复杂图形的检测中。霍夫梯度法是霍夫变换的改进,它的目的是减小霍夫空间的维度,提高效率。

2）API

```
circles = cv2. HoughCircles（image，method，dp，minDist，param1，param2，
minRadius，maxRadius）
```

参数：

✧ image：输入图像，应输入灰度图像。

✧ method：此处为霍夫变换检测算法，它的参数是 CV_HOUGH_GRADIENT。

✧ dp：霍夫空间的分辨率。dp＝1 表示霍夫空间与输入图像空间的大小一致，
dp＝2 表示霍夫空间是输入图像空间大小的一半，依此类推。

✧ minDist：圆心之间的最小距离。如果检测到的两个圆心之间的距离小于该
值，则认为它们是同一个圆心。

✧ param1：边缘检测时使用的 Canny 算子的高阈值，低阈值是高阈值的一半。

✧ param2：检测圆心和确定半径时所共用的阈值。

✧ minRadius、maxRadius：所检测到的圆半径的最小值和最大值。

返回：

✧ circles：输出圆向量，包括 3 个浮点型的元素——圆心横坐标、圆心纵坐标和
圆半径。

3）实现

由于霍夫圆检测对噪声比较敏感，所以应首先对图像进行中值滤波。

```
import numpy as np
import cv2 as cv
import matplotlib.pyplot as plt
#1 读取图像，并转换为灰度值
planets = cv.read('./image/star.jpeg')
gay_img = cv.cvtColor(planets,cv.COLOR_BGRA2GRAY)
#2 进行中值模糊，去噪声点
img = cv.mediaBlur(gay_img,7)
#3 霍夫圆检测
circles = cv. HoughCircles（img,cv. HOUGH_TRADIENT,1,200,param1 = 100,
param2 = 30,minRadius = 0,maxRadius = 100)
```

```
#4 将检测结果绘制在图像上
for i in circles[0,:]: #遍历矩阵每一行的数据
    #绘制圆形
    cv.circle(planets,(i[0],i[1],i[2]),(0,255,0),2)
    #绘制圆心
    cv.circle(planets,(i[0],i[1]),2,(0,0,255),3)
#5 显示图像
plt.figure(figsize=(10,8),dpi=100)
plt.imshow(planets[:,:,::-1],plt.title('霍夫变换圆检测')
plt.show()
```

运行结果如图 3.70 所示。

图 3.70　霍夫变换圆检测

▶▶▷本节总结◁

1. 模板匹配
   - 原理：在给定的图片中查找和模板最相似的区域。
   - API：利用函数 cv2.matchTemplate( )进行模板匹配，然后使用函数 cv2.minMaxLoc( )搜索最匹配的位置。

2. 霍夫线检测
   - 原理：将要检测的内容转换到霍夫空间中，利用累加器统计最优解，对检

测结果做表示处理。

- API：cv2.HoughLines()。

注意：该方法输入的是二值化图像，因此在进行检测前要对图像进行二值化处理。

3. 霍夫圆检测

- 方法：霍夫梯度法。
- API：cv2.HoughCircles()。

3.7　傅里叶变换

▷▷▷〉**学习目标**〉

- 掌握傅里叶变换的原理；
- 掌握 OpenCV 中的傅里叶变换方法。

3.7.1　原理

傅里叶变换经常被用来分析不同滤波器的频率特性。我们可以使用 2D 离散傅里叶变换（DFT）分析图像的频域特性。实现 DFT 的一个快速算法被称为快速傅里叶变换（FFT）。关于傅里叶变换的详细知识可以在任意一本图像处理或信号处理的书中找到。

对于一个正弦信号：

$$x(t) = A\sin(2\pi f t)$$

它的频率为 f，如果把这个信号转到它的频域表示，就会在频率 f 中得到一个峰值。如果我们的信号由采样产生的离散信号组成，就会得到类似的频谱图，只不过前面是连续的，现在是离散的。因为可以把图像想象成沿着两个方向采集的信号，所以对图像同时进行 X 方向和 Y 方向的傅里叶变换，就能得到这幅图像的频域表示（频谱图）。

更直观一点，对于一个正弦信号，如果它的幅度变化非常快，我们就可以说他是高频信号；如果变化非常慢，我们就称之为低频信号。如果把这种想法应用到图像中，那么图像哪里的幅度变化非常大呢？边界点或者噪声。所以边界和噪声是图像中的高频分量(注意:这里的高频是指变化非常快,而非出现的次数多)。如果图像中某位置没有如此大的幅度变化,则称之为低频分量。现在介绍如何进行傅里叶变换。

令 $f(x,y)$ 表示一幅大小为 $M\times N$ 像素的数字图像,其中 $x=0,1,2,\cdots,M-1$,$y=0,1,2,\cdots,N-1$。$F(u,v)$ 表示 $f(x,y)$ 的二维离散傅里叶变换,由下式给出:

$$F(u,v) = \sum_{x=0}^{M-1}\sum_{y=0}^{N-1}f(x,y)e^{-j2\pi(ux/M+vy/N)}$$

其中,$u=0,1,2,\cdots,M-1$,$v=0,1,2,\cdots,N-1$,由 u、v 定义的 $M\times N$ 矩形区域称为频率矩形,与输入图像大小相同。离散傅里叶反变换(IDFT)的形式为

$$f(x,y) = \frac{1}{MN}\sum_{u=0}^{M-1}\sum_{v=0}^{N-1}F(u,v)e^{j2\pi(ux/M+vy/N)}$$

傅里叶变换原理如图 3.71 所示。图 3.71(a)显示了 4 个背靠背的四分之一周期的 $M\times N$ 傅里叶谱(灰色区域),图 3.71(b)显示了傅里叶变换前,将 $f(x,y)$ 乘以 $(-1)^{x+y}$ 之后得到的谱,灰色区域的周期是用 DFT 得到的数据。

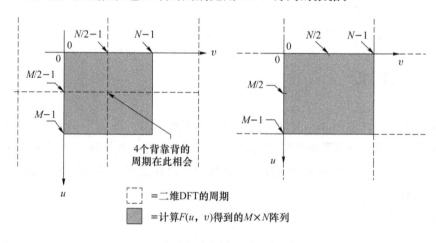

图 3.71　傅里叶变换原理

处理过后的直流分量移动到了频谱的中央,所以频率矩形的中心为最低频。另外,由于傅里叶变换后值的范围很大,为 0 到 420 495,所以常通过对数变换来解决这一问题。

3.7.2　OpenCV 中的傅里叶变换

OpenCV 中相应的 API 函数是 cv2.dft()和 cv2.idft()。

1）API

cv2.dft(src, dst, flags, nonzeroRows)

参数：

◇ src：输入图像，要求是 np.float32 格式。

◇ dst：输出图像，双通道（实部、虚部），其大小和类型取决于第三个参数 flags。

◇ flags：默认为 0，可取如下 4 个值。

    ☞ DFT_INVERSE：用一维或二维逆变换取代默认的正向变换。

    ☞ DFT_SCALE：缩放比例标识符。根据数据元素个数平均求出其缩放结果，如有 N 个元素，则输出结果以 $1/N$ 缩放输出，常与 DFT_INVERSE 搭配使用。

    ☞ DFT_ROWS：对输入矩阵的每行进行正向或反向的傅里叶变换。此标识符可在处理多种矢量时用于减小资源的开销，这些处理常常是三维或高维变换等复杂操作。

    ☞ DFT_COMPLEX_OUTPUT：对一维或二维的实数数组进行正向变换。得到的结果虽然是复数阵列，但拥有复数的共轭对称性（CCS），可以用一个与原数组尺寸相同的实数数组进行填充，这是最快的选择，也是函数默认的方法。如果想要得到一个全尺寸的复数数组（如简单光谱分析等），则可以通过设置标志位使函数生成一个全尺寸的复数输出数组。

    ☞ DFT_REAL_OUTPUT：对一维或二维复数数组进行逆向变换。得到的结果通常是一个尺寸相同的复数矩阵，但是如果输入矩阵有复数的共轭对称性，如带有 DFT_COMPLEX_OUTPUT 标识符的正变换结果，便会输出实数矩阵。

◇ nonzeroRows：默认值为 0；若这个参数不为 0，函数就会假设只有输入数组（未设置 DFT_INVERSE）的第一行或第一个输出数组（设置了 DFT_INVERSE）包含非零值。这样，函数就可以对其他行进行更高效的处理，从而节省一些时间，这项技术尤其在采用 DFT 计算矩阵卷积时非常有效。

cv2.idft(src, dst, flags, nonzeroRows)

参数：

◇ src：输入傅里叶变换后的图像。

在 OpenCV 中对图片进行傅里叶变换的基本步骤如下。

    第一步：载入图片。

第二步：使用 np.float32() 进行格式转换。

第三步：使用 cv2.dft() 进行傅里叶变换。

第四步：使用 np.fft.fftshift() 将低频分量转移到中间位置。

第五步：使用 cv2.magnitude() 将实部和虚部投影到空间域。

第六步：进行掩膜操作。

第七步：使用 np.fft.ifftshift() 将低频部分转移回图像的初始位置。

第八步：使用 cv2.idft() 进行傅里叶反变换。

2）示例

对图像 ". test1. jpg" 进行傅里叶变换。

```python
import numpy as np
import cv2 as cv
from matplotlib import pyplot as plt

img = cv.imread('test1.jpg', 0)
# 傅里叶变换
dft = cv.dft(np.float32(img), flags = cv.DFT_COMPLEX_OUTPUT)
# 移频
dft_shift = np.fft.fftshift(dft)
magnitude_spectrum = 20 * np.log(cv.magnitude(dft_shift[:, :, 0], dft
_shift[:, :, 1]))


rows, cols = img.shape
crow, ccol = int(rows/2), int(cols/2)
# 创建一个掩膜，中间方形为 1，其余为 0
mask = np.zeros((rows, cols, 2), np.uint8)
mask[crow - 30:crow + 30, ccol - 30:ccol + 30] = 1
# 使用掩膜
fshift = dft_shift * mask
magnitude_ spectrum1 = 20 * np.log(cv.magnitude(fshift[:, :, 0],
fshift[:, :, 1]))
# 逆移频
f_ishift = np.fft.ifftshift(fshift)
```

```
# 傅里叶反变换
img_back = cv.idft(f_ishift)
img_back = cv.magnitude(img_back[:, :, 0], img_back[:, :, 1])


plt.subplot(221), plt.imshow(img, cmap = 'gray'),
plt.title('Input Image'), plt.axis('off')
plt.subplot(222), plt.imshow(magnitude_spectrum, cmap = 'gray'),
plt.title('Magnitude Spectrum')
plt.subplot(223), plt.imshow(img_back, cmap = 'gray'),
plt.title('Input Image'), plt.axis('off')
plt.subplot(224), plt.imshow(magnitude_spectrum1, cmap = 'gray'),
plt.title('Magnitude Spectrum')
plt.show()
```

运行结果如图 3.72 所示。

图 3.72　图像傅里叶变换结果

⫸⫸本节总结⟩

1. 傅里叶变换

   傅里叶变换经常被用来分析不同滤波器的频率特性。2D 离散傅里叶变换可用于分析图像的频域特性。实现 DFT 的一个快速算法被称为快速傅里叶变换。

2. 傅里叶变换的 API

   cv2.dft(src，dst，flags，nonzeroRows)和 cv2.idft(src，dst，flags，nonzeroRows)。

第4章

图像特征提取与描述

```
┌─────────────────────────────────────────────────┐
│                  本章主要内容                      │
│                                                   │
│  ➤ 图像角点特征；                                  │
│  ➤ Harris 和 Shi-Tomasi 算法提取角点；             │
│  ➤ SIFT/SURG 算法提取特征点；                      │
│  ➤ FAST 和 ORB 算法提取特征点。                    │
│                                                   │
└─────────────────────────────────────────────────┘
```

4.1 角 点 特 征

➤➤➤ 学习目标

- 理解图像的特征；
- 理解图像的角点。

大多数人都玩过拼图游戏：首先拿到完整图像的碎片，然后把这些碎片以正确的方式排列起来从而重建这幅图像。如果把拼图游戏的原理写成计算机程序，那么计算机也会玩拼图游戏了。

在拼图时，我们要寻找一些唯一的特征，这些特征要适于被跟踪，容易被比较。我们在一副图像中搜索这样的特征，找到它们，也能在其他图像中找到这些特征，然后把它们拼接到一起。我们的这些能力都是天生的。那这些特征是什么呢？我们希望这些特征也能被计算机理解。

深入观察一些图像并搜索不同的区域，以图 4.1 为例。图 4.1 的上方给出了六个小图，找到这些小图在大图中的位置。你能找到多少正确的结果呢？

图 4.1　图像的特征

A 和 B 是平面，而且它们描述的图像在图 4.1 中很多地方都存在，很难找到这些小图的准确位置。C 和 D 是建筑的边缘，可以找到它们的近似位置，但是准确位置还是很难找到，这是因为：沿着边缘，所有的地方都一样。所以，边缘是比平面更好的特征，但是还不够好。E 和 F 是建筑的一些角点，它们能很容易地被找到。因为在角点的位置，无论向哪个方向移动小图，结果都会有很大的不同。所以可以把角点当成一个好的特征。为了更好地理解这个概念，我们再举个更简单的例子。

如图 4.2 所示，1 号框中的区域是一个平面，很难被找到和跟踪。此外，无论向哪个方向移动 1 号框，都是一样的。2 号框中的区域是一个边缘，如果沿垂直方向移动，区域结构会改变，但是如果沿水平方向移动，区域结构就不会改变。而对于 3 号框中的角点，无论向哪个方向移动，得到的结构都不同，这说明它是唯一的。所以，角点是一个好的图像特征，这就回答了前面的问题。

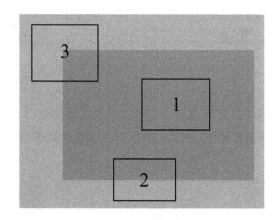

图 4.2　图像的特征

　　角点是图像中很重要的特征,对图像图形的理解和分析有很重要的作用。角点在三维场景重建、运动估计、目标跟踪、目标识别、图像配准与匹配等计算机视觉领域起着非常重要的作用。在现实世界中,角点对应于物体的拐角、道路的十字路口、丁字路口等。OpenCV 中通常使用 Harris 算法和 Shi-Tomasi 算法查找图像的角点特征,本书在 4.2 节对它们进行详细描述。

>>>>本节总结>

图像特征

- 图像特征要有区分性,容易被比较。一般认为角点、斑点等是较好的图像特征。
- 特征检测:找到图像中的特征。
- 特征描述:对特征及其周围的区域进行描述。

4.2　Harris 算法和 Shi-Tomasi 算法

>>>>学习目标>

- 理解 Harris 算法和 Shi-Tomasi 算法的原理;
- 能够利用 Harris 算法和 Shi-Tomasi 算法进行角点检测。

4.2.1 Harris 算法

1. 原理

Harris 角点检测算法(简称 Harris 算法)的思想是通过图像局部的小窗口观察图像时,角点的特征是窗口沿任意方向移动都会导致内部图像灰度的明显变化,如图 4.3 所示。

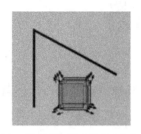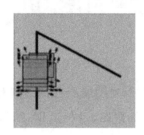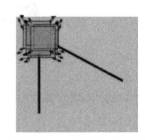

(a) 平坦区域: 窗口沿任意方向　　(b) 边缘: 窗口沿着边缘方向移　　(c) 角点: 窗口沿任意方向移动,
　　移动,内部图像无灰度变化　　　　动,内部图像无灰度变化　　　　内部图像明显灰度变化

图 4.3　Harris 算法原理

将上述思想转换成数学形式,即将局部窗口向各个方向移动 (u,v) 并计算出所有灰度差异的总和,表达式如下:

$$E(u,v) = \sum_{x,y} w(x,y) \left[I(x+u,y+v) - I(x,y) \right]^2$$

其中,u 表示局部窗口在水平方向移动的像素数,v 表示局部窗口在垂直方向移动的像素数,$I(x,y)$ 是局部窗口的图像灰度,$I(x+u,y+v)$ 是平移后的图像灰度,$w(x,y)$ 是窗口函数。局部窗口可以是矩形窗口,也可以是对每一个像素赋予不同权重的高斯窗口,如图 4.4 所示。

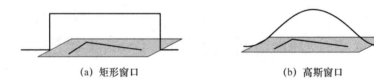

(a) 矩形窗口　　　　　　　　　　　　　　(b) 高斯窗口

图 4.4　Harris 算法的局部窗口

角点检测中要使 $E(u,v)$ 的值最大,将其进行一阶泰勒展开有

$$I(x+u,y+v) = I(x,y) + I_x u + I_y v$$

其中,I_x 和 I_y 分别是沿 x 和 y 方向的导数,可用 Sobel 算子计算。推导如下:

$$E(u,v) = \sum_{x,y} w(x,y) \left[I(x+u, y+v) - I(x,y) \right]^2$$

$$= \sum_{x,y} w(x,y) \left[I(x,y) + I_x u + I_y v - I(x,y) \right]^2$$

$$= \sum_{x,y} w(x,y) \left[I_x^2 u^2 + 2 I_x I_y uv + I_y^2 v^2 \right]$$

$$= \sum_{x,y} w(x,y) \begin{bmatrix} u & v \end{bmatrix} \begin{bmatrix} I_x^2 & I_x I_y \\ I_x I_y & I_y^2 \end{bmatrix} \begin{bmatrix} u \\ v \end{bmatrix}$$

$$= \begin{bmatrix} u & v \end{bmatrix} \sum_{x,y} w(x,y) \begin{bmatrix} I_x^2 & I_x I_y \\ I_x I_y & I_y^2 \end{bmatrix} \begin{bmatrix} u \\ v \end{bmatrix}$$

$$= \begin{bmatrix} u & v \end{bmatrix} \boldsymbol{M} \begin{bmatrix} u \\ v \end{bmatrix}$$

$\boldsymbol{M}$ 矩阵决定了 $E(u,v)$ 的取值。下面利用 $\boldsymbol{M}$ 矩阵来求角点，$\boldsymbol{M}$ 矩阵是 I_x 和 I_y 的二次函数，可以表示成椭圆的形状，椭圆的长、短半轴由 $\boldsymbol{M}$ 矩阵的特征值 λ_1 和 λ_2 决定，方向由特征矢量决定，如图 4.5 所示。椭圆函数特征值与图像中的角点、边缘（直线）和平坦区域之间的关系如图 4.6 所示。

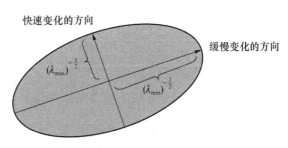

图 4.5　$\boldsymbol{M}$ 矩阵的椭圆表示

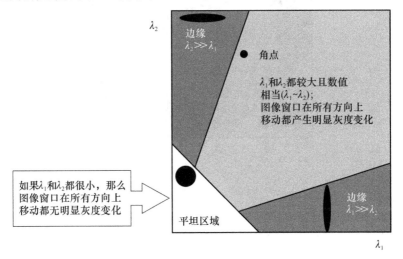

图 4.6　特征值与图像中的角点、边缘和平坦区域之间的关系

◇ 图像中的边缘：一个特征值大，另一个特征值小，$\lambda_1 \gg \lambda_2$ 或 $\lambda_2 \gg \lambda_1$。椭圆函数值在某一方向上大，在其他方向上小。

◇ 图像中的平坦区域：两个特征值都小，且近似相等；椭圆函数值在各个方向上都小。

◇ 图像中的角点：两个特征值都大，且近似相等；椭圆函数值在所有方向都大。

Harris 给出的角点计算方法并不需要计算出具体的特征值，而是通过计算一个角点响应值 R 来判断角点。R 的计算公式为

$$R = \det \boldsymbol{M} - \alpha \, (\mathrm{trace}\, \boldsymbol{M})^2$$

其中，$\det \boldsymbol{M}$ 为矩阵 $\boldsymbol{M}$ 的行列式；$\mathrm{trace}\, \boldsymbol{M}$ 为矩阵 $\boldsymbol{M}$ 的迹；α 为常数，取值范围为 $[0.04, 0.06]$。事实上，特征值隐含在 $\det \boldsymbol{M}$ 和 $\mathrm{trace}\, \boldsymbol{M}$ 中，因为：

$$\det \boldsymbol{M} = \lambda_1 \lambda_2$$

$$\mathrm{trace}\, \boldsymbol{M} = \lambda_1 + \lambda_2$$

因此，当 R 为大数值的正数时对应角点，当 R 为大数值的负数时对应边缘，当 $|R|$ 为较小的数值时对应平坦区域。角点判断图如图 4.7 所示。

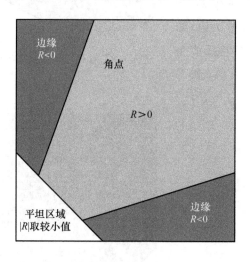

图 4.7　角点判断图

2. 实现

1）API

```
dst = cv2.cornerHarris(src,blockSize,ksize,k)
```

参数：

◇ src：数据类型为 float32 的输入图像。

◇ blockSize：角点检测中要考虑的邻域大小。

◇ ksize：Sobel 算子求导使用的核大小。

◇ k：角点检测方程中的自由参数，取值范围为 $[0.04, 0.06]$。

2）示例

对图像"./image/chessboard.jpeg"进行 Harris 角点检测。

```python
import numpy as np

import cv2 as cv

import matplotlib.pyplot as plt

#1 读取图像,并转换为灰度值

planets = cv.read('./image/chessboard.jpeg')

gay_img = cv.cvtColor(planets,cv.COLOR_BGRA2GRAY)

#2 角点检测

#2.1 输入图像必须是 float32

gray = np.float32(gray)


#2.2 最后一个参数在 0.04 到 0.06 之间

dst = cv.conerHarris(gray,2,3,0.04)

#3 设置阈值,将角点绘制出来,阈值根据图像进行选择

img[dst > 0.001 * dst.max()] = [0,0,255]

#4 显示图像

plt.figure(figsize = (10,8),dpi = 100)

plt.imshow(img[:,:,::-1],plt.title('Harris 角点检测')

plt.show()
```

运行结果如图 4.8 所示。

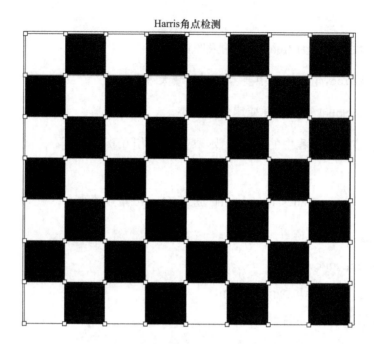

图 4.8　Harris 角点检测结果

4.2.2　Shi-Tomasi 算法

1. 原理

Shi-Tomasi 角点检测算法（简称 Shi-Tomasi 算法）是对 Harris 算法的改进，一般会比 Harris 算法得到更好的角点。Harris 算法的角点响应函数是将矩阵 M 的行列式值与 M 的迹相减，利用插值判断该位置是否为角点。后来 Shi 和 Tomasi 提出的改进方法是，若矩阵 M 的两个特征值中较小的一个大于阈值，则认为它是角点：

$$R = \min(\lambda_1, \lambda_2)$$

从图 4.9 可以看出，只有当 λ_1 和 λ_2 都大于最小值时，该位置才被认为是角点。

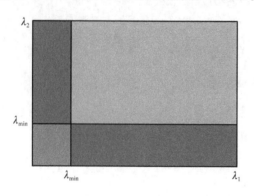

图 4.9　Shi-Tomasi 角点检测原理

2. 实现

1）API

```
corners = cv2.goodFeaturesToTrack ( image, maxCorners, qualityLevel,
minDistance)
```

参数：

✧ image：输入的灰度图像。

✧ maxCorners：获取角点的数目。

✧ qualityLevel：最低可接受的角点质量水平，在 0~1 之间。

✧ minDistance：角点之间最小的欧氏距离，避免得到相邻特征点。

返回：

✧ corners：搜索到的角点。在这里，所有低于最低可接受的角点质量水平的角点被排除掉，然后把合格的角点按质量排序，将质量较好的角点附近（小于最小欧氏距离）的角点删掉，最后找到 maxCorners 个角点返回。

2）示例

对图像"./image/tv.jpg"进行 Shi-Tomasi 角点检测。

```
import numpy as np
import cv2 as cv
import matplotlib.pyplot as plt
#1 读取图像
img = cv.read('./image/tv.jpg')
gay_img = cv.cvtColor(img,cv.COLOR_BGRA2GRAY)
#2 角点检测
corners = cv.goodFeaturesToTrack(gray,1000,0.01,10)

#3 绘制角点
for i in corners
    x,y = i.ravel()
    cv.circle(img,(x,y),2,(0,0,255),-1)
#4 图像展示
plt.figure(figsize = (10,8),dpi = 100)
plt.imshow(img[:,:,::-1],plt.title('Shi-Tomasi 角点检测')
plt.show()
```

运行结果如图 4.10 所示。

Shi-Tomasi角点检测

图 4.10　Shi-Tomasi 角点检测结果

本节总结

1. Harris 算法
- 思想：通过图像局部的小窗口观察图像时，角点的特征是窗口沿任意方向移动都会导致图像灰度的明显变化。
- API：cv2.cornerHarris()。
2. Shi-Tomasi 算法
- 该算法是对 Harris 算法的改进，能够更好地检测角点。
- API：cv2.goodFeatureToTrack()。

4.3　SIFT 算法和 SURF 算法

学习目标

- 理解 SIFT 算法和 SURG 算法的原理；

• 能够使用 SIFT 算法和 SURF 算法进行关键点的检测。

4.3.1 SIFT 算法原理

前面介绍了 Harris 角点检测算法和 Shi-Tomasi 角点检测算法,这两种算法具有旋转不变性,但不具有尺度不变性。以图 4.11 为例,对于一小段圆弧,使用左侧窗口可以检测到角点,但是在圆弧图像被放大后,使用同样尺寸的窗口,就检测不到角点了。

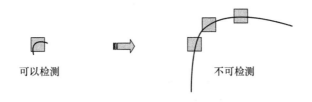

可以检测   不可检测

图 4.11 SIFT 原理

本节介绍一种计算机视觉的算法——尺度不变特征转换(Scale-Invariant Feature Transform,SIFT)。它被用来侦测与描述影像中的局部性特征,在空间尺度中寻找极值点并提取出其位置、尺度、旋转不变量。此算法由 David Lowe 在 1999 年所发表、2004 年完善总结,应用范围涉及物体辨识、机器人地图感知与导航、影像缝合、3D 模型建立、手势辨识、影像追踪和动作比对等领域。

SIFT 算法的实质是在不同的尺度空间上查找关键点(特征点),并计算出关键点的方向。SIFT 查找到的关键点是一些十分突出,不会因光照、仿射变换和噪声等因素而变化的点,如角点、边缘点、暗区的亮点及亮区的暗点等。

Lowe 将 SIFT 算法分解为如下 4 个步骤。

第一步:尺度空间极值检测。搜索所有尺度上的图像位置,通过高斯差分函数识别潜在的对于尺度和旋转不变的关键点。

第二步:关键点定位。在每个候选的位置上,通过一个拟合精细的模型确定位置和尺度。关键点的选择依赖于它们的稳定程度。

第三步:关键点方向确定。基于图像局部的梯度方向,分配给每个关键点位置一个或多个方向。所有后面的对图像数据的操作都相对于关键点的方向、尺度和位置进行变换,从而保证了关于这些变换的不变性。

第四步:关键点描述。在每个关键点周围的邻域内,在选定的尺度上测量图像局部的梯度。这些梯度作为关键点的描述符,允许比较大的局部形状的变化或光照变化。

接下来,沿着 Lowe 的步骤,对 SIFT 算法的实现过程进行详细介绍。

1. 尺度空间极值检测

不同的尺度空间不能使用相同的窗口检测极值点,通常对小的关键点使用小的窗口,对大的关键点使用大的窗口。为了达到这个目的,我们使用尺度空间滤波器。

"Scale-space theory:A basic tool for analyzing structures at different scales"中提到,高斯核是唯一可以产生多尺度空间的核函数。下面,我们以二维高斯核函数为例简要介绍极值检测过程。

一个图像的尺度空间 $L(x,y,\sigma)$ 定义为原始图像尺寸 $I(x,y)$ 与一个可变尺度的二维高斯函数 $G(x,y,\sigma)$ 的卷积运算,即:

$$L(x,y,\sigma)=G(x,y,\sigma) * I(x,y)$$

其中:

$$G(x,y,\sigma)=\frac{1}{2\pi\sigma^2}e^{-\frac{x^2+y^2}{2\sigma^2}}$$

其中,σ 是尺度空间因子,它决定了图像的模糊程度。在大尺度(σ 值大)下表现的是图像的概貌信息,在小尺度(σ 值小)下表现的是图像的细节信息。在计算高斯函数的离散近似时,在 3σ 距离之外的像素都可以看作不起作用,对这些像素的计算也就可以忽略。所以,在实际应用中,只计算 $(6\sigma+1) * (6\sigma+1)$ 的高斯卷积核就可以保证相关像素影响。

下面构建图像的高斯金字塔。它是采用高斯函数对图像进行模糊以及降采样处理得到的。在高斯金字塔构建过程中,首先将图像扩大一倍并在扩大图像的基础之上构建高斯金字塔,然后对该尺寸下的图像进行高斯模糊,几幅处理之后的图像集合构成了一个 Octave,然后在该 Octave 下选择一幅图像进行下采样,即长和宽分别缩短一倍,图像面积变为原来的四分之一,这幅图像就是下一个 Octave 的初始图像,在初始图像的基础上完成属于这个 Octave 的高斯模糊处理,依此类推完成整个算法所需要的所有八度构建。这样,高斯金字塔就构建出来了,整个流程如图 4.12 所示。

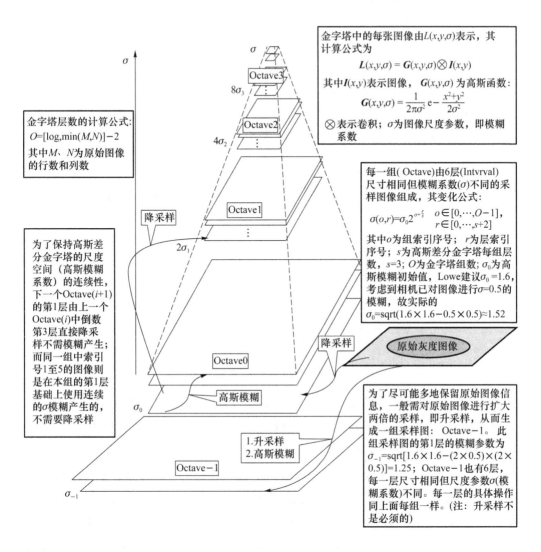

金字塔中的每张图像由$L(x,y,\sigma)$表示，其计算公式为
$$L(x,y,\sigma) = G(x,y,\sigma) \otimes I(x,y)$$
其中$I(x,y)$表示图像，$G(x,y,\sigma)$为高斯函数：
$$G(x,y,\sigma) = \frac{1}{2\pi\sigma^2} e^{-\frac{x^2+y^2}{2\sigma^2}}$$
$\otimes$表示卷积；σ为图像尺度参数，即模糊系数

金字塔层数的计算公式：
$O=[\log_2 \min(M,N)]-2$
其中M、N为原始图像的行数和列数

每一组(Octave)由6层(Intrval)尺寸相同但模糊系数(σ)不同的采样图像组成，其变化公式：
$$\sigma(o,r)=\sigma_0 2^{o+\frac{r}{s}} \quad \begin{array}{l} o\in[0,\cdots,O-1], \\ r\in[0,\cdots,s+2] \end{array}$$
其中o为组索引序号；r为层索引序号；s为高斯差分金字塔每组层数，$s=3$；O为金字塔组数；σ_0为高斯模糊初始值，Lowe建议σ_0=1.6，考虑到相机已对图像进行σ=0.5的模糊，故实际的σ_0=sqrt(1.6×1.6−0.5×0.5)≈1.52

为了保持高斯差分金字塔的尺度空间（高斯模糊系数）的连续性，下一个Octave(i+1)的第1层由上一个Octave(i)中倒数第3层直接降采样产生不需要模糊产生；而同一组中索引号1至5的图像则是在本组的第1层基础上使用连续的σ模糊产生的，不需要降采样

原始灰度图像

为了尽可能多地保留原始图像信息，一般需对原始图像进行扩大两倍的采样，即升采样，从而生成一组采样图：Octave−1。此组采样图的第1层的模糊参数为σ_{-1}=sqrt[1.6×1.6−(2×0.5)×(2×0.5)]=1.25；Octave−1也有6层，每一层尺寸相同但尺度参数σ(模糊系数)不同。每一层的具体操作同上面每组一样。(注：升采样不是必须的)

1.升采样
2.高斯模糊

降采样

降采样

高斯模糊

图 4.12　高斯金字塔构建流程

利用 LoG（高斯拉普拉斯方法）即图像的二阶导数，可以在不同的尺度下检测图像的关键点信息，从而确定图像的特征点。但 LoG 的计算量大、效率低，所以通常通过两个相邻高斯尺度空间的图像的相减得到 DoG（高斯差分方法）来近似 LoG。

为了计算 DoG，需要构建高斯差分金字塔。该金字塔是在上述高斯金字塔的基础上构建而成的，将高斯金字塔的每个 Octave 中相邻两层相减就构成了高斯差分金字塔，如图 4.13 所示。高斯差分金字塔的第 1 组第 1 层是由高斯金字塔的第 1 组第 2 层减第 1 组第 1 层得到的，依此类推，逐组逐层生成每一个差分图像，所有差分图像构成差分金字塔。概况为 DoG 金字塔的第 O 组第 I 层图像是由高斯金字塔的第

O 组第 $I+1$ 层图像减第 O 组第 I 层图像得到的。后续 SIFT 特征点的提取都在 DOG 金字塔上进行。

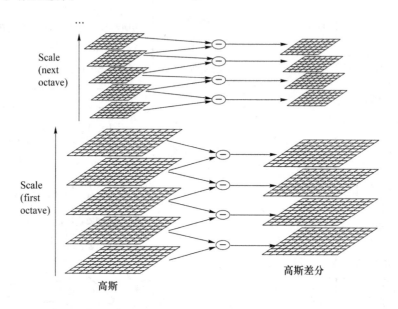

图 4.13　计算 DoG 用的高斯差分金字塔

在 DoG 金字塔计算完成后,就可以在不同尺度的空间中搜索局部最大值了。对于图像中的一个像素点而言,它需要与自己周围的 8 邻域以及尺度空间中上、下两层中相邻的 18 个点比大小,如图 4.14 所示。如果是局部最大值,它就可能是一个关键点。基本上,关键点是图像在相应尺度空间中的最好代表。搜索过程从每组的第二层开始,以第二层为当前层,对第二层的 DoG 图像中的每个点取一个 3×3 的立方体,立方体的上、下层分别为第一层与第三层。这样搜索得到的极值点既有位置坐标(DoG 的图像坐标),又有空间尺度坐标(层坐标)。在第二层搜索完成后,再以第三层为当前层,其搜索过程与第二层的搜索类似。当 $s=3$ 时,每组里面要搜索 3 层,所以在 DoG 中就有 $s+2$ 层,在初始构建的金字塔中每组有 $s+3$ 层。

2. 关键点定位

由于 DoG 对噪声和边缘比较敏感,因此在高斯差分金字塔中检测到的局部极值点需经过进一步检验才能被精确定位为特征点。使用尺度空间的泰勒级数展开获取极值的准确位置,如果局部极值点的灰度值小于阈值(一般为 0.03 或 0.04),则被忽略掉。在 OpenCV 中,这种阈值被称为 contrastThreshold。

由于 DoG 算法对边界非常敏感,所以必须把边界去除。Harris 算法除了可以用

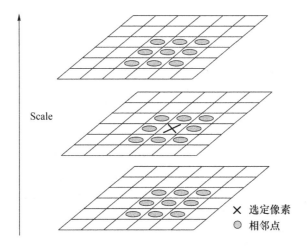

图 4.14　搜索局部最大值

于角点检测,还可以用于边界检测。用 Harris 算法进行角点检测时,若一个特征值远远大于另一个特征值,则检测到的是边界。在 DoG 算法中,欠佳的关键点在平行边缘的方向有较大的主曲率,而在垂直于边缘的方向有较小的曲率,两者的比值如果高于某个阈值(在 OpenCV 中叫作边界阈值),就认为该关键点为边界,将被忽略,一般将该阈值设置为 10。

将低对比度和边界的关键点去除,得到的就是我们感兴趣的关键点。

3. 关键点方向确定

经过上述两个步骤,图像的关键点就完全找到了,这些关键点具有尺度不变性。为了实现旋转不变性,还需要为每个关键点分配一个方向角度,也就是在检测到的关键点所在高斯尺度图像的邻域结构中求得一个方向基准。

对于任意关键点,我们采集其所在高斯金字塔图像中以 r 为半径的区域内所有像素的梯度特征(幅值和幅角),半径 r 为

$$r = 3 \times 1.5\sigma$$

其中,σ 是关键点所在 Octave 的图像尺度,可以得到对应的尺度图像。梯度的幅值和方向的计算公式为

$$m(x,y) = \sqrt{(\boldsymbol{L}(x+1,y) - \boldsymbol{L}(x-1,y))^2 + (\boldsymbol{L}(x,y+1) - \boldsymbol{L}(x,y-1))^2}$$

$$\theta(x,y) = \arctan\left(\frac{\boldsymbol{L}(x,y+1) - \boldsymbol{L}(x,y-1)}{\boldsymbol{L}(x+1,y) - \boldsymbol{L}(x-1,y)}\right)$$

邻域像素梯度的计算结果如图 4.15 所示。

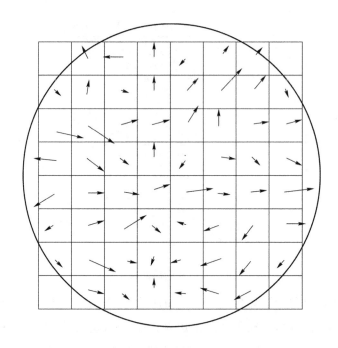

图 4.15　邻域像素梯度的计算结果

在完成关键点的梯度计算后,使用直方图统计关键点领域内像素的梯度幅值和方向。具体做法是,将 360° 分成 36 柱,每 10° 为一柱,然后在以 r 为半径的区域内,将梯度方向在某一个柱内的像素找出来,然后将他们的幅值加在一起作为柱的高度。因为在以 r 为半径的区域内像素的梯度幅值对中心像素的贡献是不同的,因此还需要对幅值进行加权处理,采用高斯加权,方差为 1.5σ,如图 4.16 所示,为了简化图中只画出了 8 个方向的直方图。

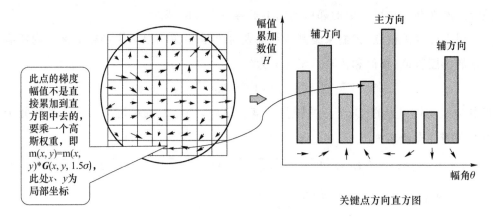

图 4.16　直方图统计关键点

每个特征点必须分配一个主方向,还需要一个或多个辅方向,增加辅方向的目的是增强图像匹配的鲁棒性。辅方向的定义是,当一个柱体的高度大于主方向柱体高度的 80% 时,该柱体代表的方向就是给定特征点的辅方向。

直方图的峰值,即最高的柱代表的方向,它是特征点邻域范围内图像梯度的主方向,但该柱代表的方向角度是一个范围,所以还要对离散的直方图进行插值拟合,以得到更精确的方向角度值。通常,利用抛物线对离散的直方图进行拟合,如图 4.17 所示。

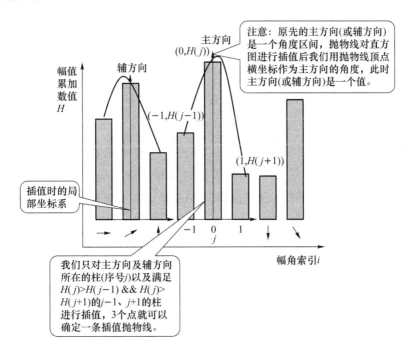

图 4.17　抛物线拟合离散的直方图

获得图像关键点主方向后,每个关键点有 3 个信息 $(x,y;\sigma;\theta)$:位置、尺度、方向。由此可以确定一个 SIFT 特征区域。通常,使用一个带箭头的圆或直接使用箭头表示 SIFT 区域的 3 个值:中心表示特征点位置,半径表示关键点尺度,箭头表示方向,如图 4.18 所示。

4. 关键点描述

通过以上 3 个步骤,每个关键点就被分配了位置、尺度和方向信息。接下来,为

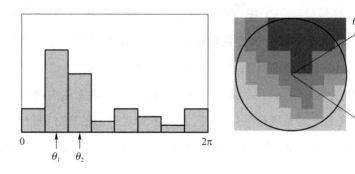

图 4.18　SIFT 特征区域

每个关键点建立一个描述符,该描述符既具有可区分性,又具有对某些变量的不变性,如光照、视角等。此外,描述符不仅仅包含关键点,也包括关键点周围对其有贡献的像素点。主要思路就是通过将关键点周围图像区域分块,计算块内的梯度直方图,生成具有特征的向量,对图像信息进行抽象。

　　描述符与特征点所在的尺度有关,所以需要在关键点所在的高斯尺度图像上生成对应的描述符。以特征点为中心,将其附近邻域划分为 $d \times d$ 个子区域(一般取 $d=4$),每个子区域都是一个正方形,边长为 3σ,考虑到实际计算需要进行 3 次线性插值,所以特征点邻域在 $3\sigma(d+1) \times 3\sigma(d+1)$ 的范围内,如图 4.19 所示。

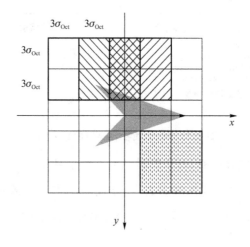

图 4.19　特征点邻域范围

　　为了保证特征点的旋转不变性,以特征点为中心,将坐标轴旋转为关键点的主方向,如图 4.20 所示。

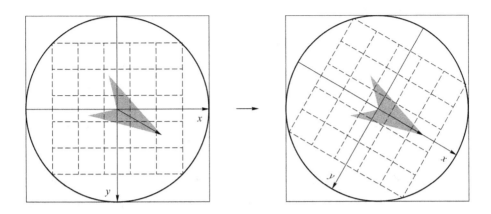

图 4.20　关键点主方向

计算子区域内的像素的梯度,并按照 $\sigma=0.5d$ 进行高斯加权,然后插值计算得到每个种子点在 8 个方向上的梯度,插值方法如图 4.21 所示。

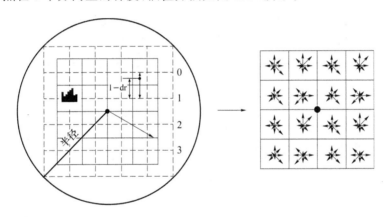

图 4.21　种子点在 8 个方向上的梯度

每个种子点的梯度都是由覆盖其的 4 个子区域插值而得到的。如图 4.21 中,落在第 0 行和第 1 行之间的点,它对这两行都有贡献:对第 0 行第 3 列的贡献因子为 dr,对第 1 行第 3 列的贡献因子为 $1-$ dr。同理,对邻近两列的贡献因子为 dc 和 $1-$ dc,对邻近两个方向的贡献因子为 do 和 $1-$ do。因此,最终累加在每个方向上的梯度大小为

$$\text{weight}=w * \text{dr}^{k}\,(1-\text{dr})^{(1-k)}\,\text{dc}^{m}\,(1-\text{dc})^{1-m}\,\text{do}^{n}\,(1-\text{do})^{1-n}$$

其中,k、m、n 为 0 或 1。如上统计的 $4\times4\times8=128$ 个梯度信息即为该关键点的特征向量,按照特征点对每个关键点的特征向量进行排序,就得到了 SIFT 特征描述向量。

综上所述,SIFT 在图像的不变特征提取方面拥有无与伦比的优势,但它并不完美,仍然存在实时性不高、有时特征点较少、对边缘光滑的目标无法准确提取特征点等缺陷。自 SIFT 算法问世以来,人们就一直对其进行优化和改进,其中最著名的就是 SURF 算法。

4.3.2　SURF 算法原理

使用 SIFT 算法进行关键点检测和描述执行速度比较慢,因此需要速度更快的算法。Bay 在 2006 年提出的 SURF 算法是 SIFT 算法的增强版,它的计算量小、运算速度快,提取的特征与 SIFT 算法几乎相同。SURF 算法与 SIFT 算法的对比如表 4.1 所示。

表 4.1　SURF 算法与 SIFT 算法的对比

对比项目	SIFT	SURF
特征点检测	使用不同尺度的图片与高斯函数进行卷积	使用不同大小的盒滤波器与原始图像做卷积,易于并行
方向	在关键点邻接矩形区域内,利用梯度直方图进行计算	在关键点邻接圆域内,计算 x、y 方向的 haar 小波
描述符生成	关键点邻域内划分 d×d 个子区域,在每个子区域内计算 8 个方向的直方图	关键点邻域内划分 d×d 个子区域,每个子区域计算采样点的 haar 小波相应,记录 $\sum dx$、$\sum dy$、$\sum \mid dx \mid$、$\sum \mid dy \mid$ 的值

4.3.3　实现

在 OpenCV 中利用 SIFT 算法检测关键点的流程如下所述。
第一步:实例化 SIFT。

```
sift = cv2.xfeature2d.SIFT_create()
```

第二步:利用 sift.detectAndCompute()检测关键点并计算。

```
kp,des = sift.detectAndCompute(gray,none)
```

参数:
◇ gray:进行关键点检测的图像。注意使用的是灰度图像。

返回：

◇ kp：关键点信息，包括位置、尺度、方向信息。

◇ des：关键点描述符，每个关键点对应 128 个梯度信息的特征向量。

第三步：将关键点检测结果绘制在图像上。

```
cv2.drawKeypoints(image,keypoints,outputimage,color,flags)
```

参数：

◇ image：原始图像。

◇ keypoints：关键点信息。将其绘制在图像上。

◇ outputimage：输出图片。可以是原始图像。

◇ color：颜色设置。通过修改（b，g，r）的值更改画笔的颜色，其中 b＝蓝色，g＝绿色，r＝红色。

◇ flags：绘图功能的标识设置。

　☞ cv2.DRAW_MATCHED_FLAGS_DEFAULT：创建输出图像矩阵，使用现存的输出图像绘制匹配对和特征点，对每一个关键点只绘制中间点。

　☞ cv2.DRAW_MATCHES_FLAGS_DRAW_OVER_OUTIMG：不创建输出图像矩阵，而是在输出图像上绘制匹配对。

　☞ cv2.DRAW_MATCHES_FLAGS_DRAW_RICH_KEYPOINTS：对每一个特征点绘制带大小和方向的关键点图形。

　☞ cv2.DRAW_MATCHES_FLAGS_NOT_DRAW_SINGLE_POINTS：单点的特征点不被绘制。

SURF 算法的应用与上述流程一致，这里就不再赘述了。

示例：利用 SIFT 算法在中央电视台的图片上检测关键点，并将其绘制出来。

```
import cv2 as cv
import numpy as np
import matplotlib.pyplot as plt
#1 读取图像
img = cv.imread('./image/tv.jpg')
gray = cv.cvtColor(img,cv.COLOR_BGR2GRAY)
#2 SIFT 关键点检测
```

```
#2.1 实例化 SIFT 对象

sift = cv. xfeatures2d. SIFT_create()


#2.2 关键点检测:kp 是关键点信息,包括位置、尺度、方向信息;des 是关键点
描述符

kp,des = sift. detectAndCompute(gray,none)

#2.3 在图像上绘制关键点的检测结果

cv. drawKeypoints(img,kp,img,flag = cv. DRAW_MATCHES_FLAGS_DRAW_RICH_
KEYPOINTS)

#3 图像显示

plt. figure(figsize = (8,6),dpi = 100)

plt. imshow(img[:,:,:: - 1],plt. title('SIFT 检测')

plt. show()
```

运行结果如图 4.22 所示。

图 4.22　程序运行结果

1. SIFT 原理

思想：SIFT 算法是一种计算机视觉的算法，具有尺度不变特征。它被用来侦测与描述影像中的局部性特征，在空间尺度中寻找极值点并提取出其位置、尺度、旋转不变量。SIFT 算法在图像的不变特征提取方面拥有无与伦比的优势，但并不完美，仍然存在实时性不高、有时特征点较少、对边缘光滑的目标无法准确提取特征点等缺陷。自 SIFT 算法问世以来，人们就一直对其进行优化和改进，其中最著名的就是 SURF 算法。

2. SURF 算法

使用 SIFT 算法进行关键点检测和描述执行速度比较慢，需要速度更快的算法。Bay 在 2006 年提出的 SURF 算法是 SIFT 算法的增强版，它的计算量小、运算速度快、提取的特征与 SIFT 算法几乎相同。

3. 相关 API

- sift＝cv2. xfeature2d. SIFT_create()；
- kp,des＝sift. detectAndCompute(gray,none)；
- cv2. drawKeypoints(image,keypoints,outputimage,color,flags)。

4.4　FAST 算法和 ORB 算法

- 理解 FAST 算法的原理，能够用该算法完成角点检测；
- 理解 ORB 算法的原理，能够用该算法完成特征点检测。

4.4.1　FAST 算法

1. 原理

前面已经介绍过几个特征检测器，它们的效果都很好，特别是 SIFT 算法和

SURF 算法,但是从实时处理的角度来看,效率还是太低了。为了解决这个问题,Edward Rosten 和 Tom Drummond 在 2006 年提出了 FAST 算法,并在 2010 年对其进行了修正。

FAST(全称 Features from Accelerated Segment Test)算法是一种用于角点检测的算法,该算法的原理是取图像中检测点,用以该点为圆心的周围邻域内的像素点判断检测点是否为角点。通俗地讲,就是若一个像素周围有一定数量的像素与该点像素值不同,则认为其为角点。

FAST 算法的基本流程如下。

第一步:在图像中选取一个像素点 P,判断它是不是关键点。令 I_P 等于像素点 P 的灰度值。

第二步:以 r 为半径画圆,覆盖 P 点周围的 M 个像素。通常情况下,设置 $r=3$,则 $M=16$,如图 4.23 所示。

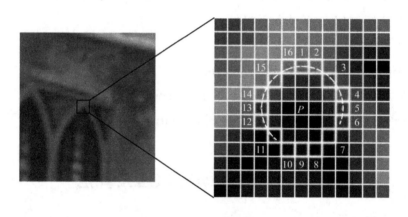

图 4.23　P 点周围邻域

第三步:设置一个阈值 t,如果在这 16 个像素点中存在 n 个连续像素点的灰度值都高于 I_p+t 或者低于 I_p-t 的情况,那么像素点 P 就被认为是一个角点。如图 4.23 中的虚线经过的像素点所示,n 一般取值为 12。

第四步:由于在检测特征点时需要对图像中所有的像素点进行检测,然而图像中绝大多数点都不是特征点,如果对每个像素点都进行上述的检测过程,那显然会浪费许多时间,因此采用一种进行非特征点判别的方法剔除非特征点:首先对候选点周围每个 90 度的点——图 4.23 中的 1、9、5、13——进行测试(先测试 1 和 9,如果他们符合阈值要求再测试 5 和 13),如果 P 是角点,那么这 4 个点中至少有 3 个符合阈值要求,否则直接剔除 P。然后对保留下来的点继续进行上述测试(检测是否有

12 个点符合阈值要求）。

显然,这个检测器的效率很高,但它有以下几条缺点:

◇ 获得的候选点比较多;

◇ 特征点的选取不是最优的,因为它的效果取决于要解决的问题和角点的分布情况;

◇ 进行非特征点判别时大量的点被丢弃;

◇ 检测到的很多特征点都是相邻的。

其中,前 3 个缺点可以通过机器学习的方法克服,最后一个缺点可以使用非最大值抑制的方法克服。

2. 机器学习的角点检测器

机器学习的角点检测器的检测步骤如下。

第一步:选择一组训练图片,最好是跟应用相关的图片。

第二步:使用 FAST 算法找到每幅图像的特征点,对图像中的每一个特征点,将其周围的 16 个像素存储构成一个向量 **P**,如图 4.24 所示。

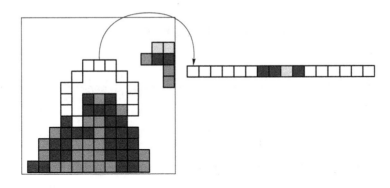

图 4.24 特征点周围像素构成的向量

第三步:每一个特征点的 16 个像素点都属于下列三类中的一种。

$$S_{p \to x} = \begin{cases} d, & I_{p \to x} \leqslant I_p - t & \text{（较暗的）} \\ s, & I_p - t < I_{p \to x} < I_p + t & \text{（相近的）} \\ b, & I_p + t \leqslant I_{p \to x} & \text{（较亮的）} \end{cases}$$

第四步:根据这些像素点的分类,特征值向量 **P** 也被分为 3 个子集:Pd、Ps、Pb。

第五步:定义一个新的布尔变量 K_p,如果 **P** 是角点就设置为 Ture,如果不是就设置为 False。

第六步:利用特征值向量 P,目标值是 K_P,训练 ID3 树(决策树分类器)。

第七步:将构建好的决策树运用于其他图像的快速检测。

3. 非极大值抑制

筛选出来的候选角点中有很多是紧挨在一起的,需要通过非极大值抑制来消除这种影响。

为所有的候选角点都确定一个打分函数 V,V 的值可这样计算:先分别计算 I_P 与圆上 16 个点的像素值差值,取绝对值,再将这 16 个绝对值相加,就得到了

$$V = \sum_{i}^{16} |I_P - I_i|$$

最后比较相邻候选角点的 V 值,把 V 值较小的候选角点剔除掉。

FAST 算法的思想与我们对角点的直观认识非常接近,能够化繁为简。FAST 算法比其他角点检测算法快,但是在噪声较高时不够稳定,因此需要设置合适的阈值。

4. 实现

1) API

OpenCV 中的 FAST 检测算法是用传统方法实现的。

(1) 实例化 fast。

```
fast = cv2.FastFeatureDetector_creat(threshold,nonmaxSuppression)
```

参数:

◇ threshold:阈值 t,默认值为 10。

◇ nonmaxSuppression:是否进行非极大值抑制,默认值为 True。

返回:

◇ fast:创建的 FastFeatureDetector 对象。

(2) 利用 fast.detect()函数检测关键点,没有对应的关键点描述需求。

```
kp = fast.detect(grayImag,None)
```

参数:

◇ gray:进行关键点检测的图像,注意是灰度图像。

返回:

◇ kp:关键点信息,包括位置、尺度、方向信息。

（3）将关键点检测结果绘制在图像上（与 SIFT 算法使用一样的方法）。

```
cv2.drawKeypoints(image,keypoints,ourputimage,color,flags)
```

2）示例

用 FAST 算法对图像"./image/tv.jpg"进行角点检测。

```
import numpy as np

import cv2 as cv

from matplotlib import pyplot as plot

#1 读取图像

img = cv.imread('./image/tv.jpg')

#2 FAST 角点检测

#2.1 创建一个 FAST 对象,传入阈值。注意:可以处理彩色空间图像

fast = cv.FastFeatureDetector_create(threshold = 30)


#2.2 检测图像上的关键点

kp = fast.detect(img,None)

#2.3 在图像上绘制关键点

img2 = cv.drawKeypoints(img,kp,None,color = (0,0,255))


#2.4 输出默认参数

print("Threshold:{}".format(fast.getThreshold()))

print("nonmaxSuppression:{}".format(fast.getNonmaxSuppression()))

print("neighborhood:{}".format(fast.getType()))

print("Total Keypoints with nonmaxSuppression:{}".format(len(kp)))


#2.5 关闭非极大值抑制

fast.setNonmaxSuppression(0)

kp = fast.detect(img,None)
```

```
print("Total Keypoints without nonmaxSuppression:{}".format(len(kp)))
#2.6 绘制为进行非极大值抑制的结果
img3 = cv.drawKeypoints(img,kp,None,color = (0,0,255))


#3 绘制图像
fig,axes = plt.subplots(nrows = 1,ncols = 2,figsize = (10,8),dpi = 100)
axes[0].imshow(img2[:,:,::-1])
axes[0].set_title('加入非极大值抑制')
axes[1].imshow(img3[:,:,::-1])
axes[1].set_title('未加入非极大值抑制')
plt.xticks([]), plt.yticks([])
plt.show()
```

运行结果如图 4.25 所示。

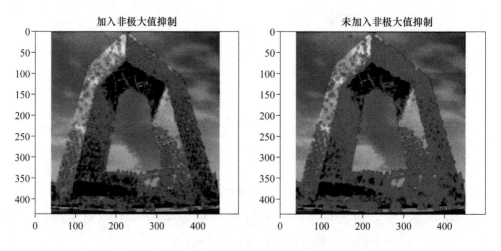

图 4.25　FAST 算法运行结果

4.4.2　ORB 算法

SIFT 算法和 SURF 算法是受专利保护的，因此使用时需要付费，但 ORB (Oriented Fast and Rotated Brief)算法不需要，它可以用来对图像中的关键点快速创建特征向量，并用这些特征向量识别图像中的对象。

1. ORB 算法流程

ORB 算法结合了 FAST 算法和 BRIEF 算法,提出了构建金字塔的方法,为 FAST 特征点添加了方向,使关键点具有了尺度不变性和旋转不变性。具体流程描述如下。

第一步:构建尺度金字塔

尺度金字塔共有 n 层,与 SIFT 算法不同的是,该金字塔每一层仅有一幅图像,如图 4.26 所示。第 s 层的尺度为

$$\sigma_s = \sigma_0^s$$

其中,σ_0 是初始尺度,默认为 1.2,原图在第 0 层。第 s 层图像的大小:

$$\text{SIZE} = \left(H \cdot \frac{1}{\sigma_s} \right) \times \left(W \cdot \frac{1}{\sigma_s} \right)$$

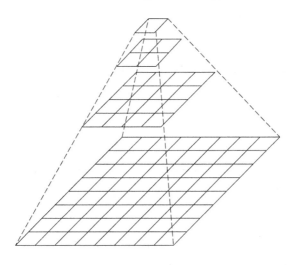

图 4.26　ORB 算法中的尺度金字塔

第二步:在不同的尺度上利用 FAST 算法检测特征点

采用 Harris 角点响应函数,根据角点的响应值排序,选取前 N 个特征点,作为本尺度的特征点。

第三步:计算特征点的主方向

计算以特征点为圆心、半径为 r 的圆形内的灰度质心位置,将从特征点位置到质心位置的方向作为特征点的主方向。计算方法如下:

$$m_{pq} = \sum_{x,y} x^p y^q \boldsymbol{I}(x,y)$$

质心位置:

$$C = \left(\frac{m_{10}}{m_{00}}, \frac{m_{01}}{m_{10}} \right)$$

主方向:

$$\theta = \arctan(m_{01}, m_{10})$$

第四步:构建特征描述符

为了解决旋转不变性,将特征点的领域旋转到主方向上利用 BRIEF 算法构建特征描述符,至此就得到了 ORB 算法所需的特征描述向量。

2. BRIEF 算法

BRIEF 算法是一种特征描述子提取算法,而非特征点的提取算法。它是一种生成二值化描述子的算法,不仅提取代价低,而且匹配只需要使用简单的汉明距离(Hamming Distance),利用比特之间的异或操作就可以完成。因此,该算法时间代价低,空间代价低,效果好。该算法的基本步骤如下。

第一步:图像滤波

原始图像中存在噪声时,会对结果产生影响,所以需要对图像进行滤波,去除部分噪声。

第二步:选取点对

以特征点为中心,取 $S \times S$ 的邻域窗口,在窗口内随机选取 N 组点对,一般 N 取 128、256、512,默认 $N = 256$。这里提供选取随机点对的 5 种形式,分别对应图 4.27 中的 5 个小图。

◇ x、y 方向均服从平均分布采样,如图 4.27(a)所示。

◇ x、y 方向均服从 Gauss$(0, S^2/25)$ 各向同性采样,如图 4.27(b)所示。

◇ x 方向服从 Gauss$(0, S^2/25)$ 各向同性采样,y 方向服从 Gauss$(0, S^2/100)$ 各向同性采样,如图 4.27(c)所示。

◇ x、y 方向数值均从网络中随机获取,如图 4.27(d)所示。

◇ x 一直取值为 0,y 方向数值从网络中随机选取,如图 4.27(e)所示。

图 4.27 中一条线段的两个端点就是一组点对,其中第二种方法的结果比较好。

第三步:构建描述符

假设 x、y 是某个点对的两个端点,$p(x)$、$p(y)$ 是两点对应的像素值,则有

$$t(x,y) = \begin{cases} 1, & p(x) > p(y) \\ 0, & p(x) \leqslant p(y) \end{cases}$$

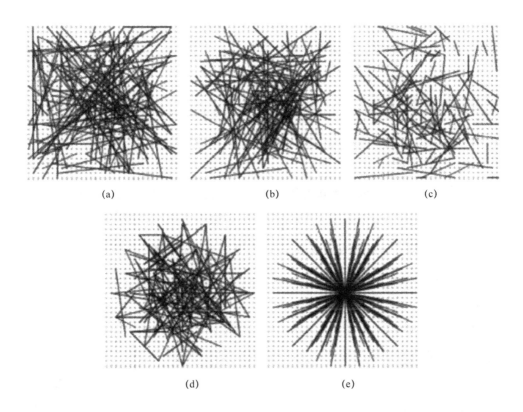

(a)　　　　　　　　(b)　　　　　　　　(c)

(d)　　　　　　　　(e)

图 4.27　BRIEF 算法

对每一个点对都进行上述的二进制赋值,形成 BRIEF 算法的关键点描述特征向量,该向量一般为 128～512 位的字符串,仅由 1 和 0 组成,如图 4.28 所示。

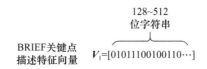

图 4.28　BRIEF 算法的关键点特征向量

3. 实现

1) API

在 OpenCV 中实现 ORB 算法,使用以下 API 函数。

(1) 实例化 ORB。

```
orb = cv2.xfeatures2d.orb_create(nfeatures)
```

参数：

✧ nfeatures:特征点的最大数量。

(2) 将关键点检测结果绘制在图像上。

cv2. drawKeypoints(image,keypoints,outoutimage,color,flags)

参数：

✧ image:原图像。

✧ keypoints:从原图像中获得的关键点,这也是画图时用到的数据。

✧ outputimage:输出图像。

✧ color:颜色设置,通过修改(b,g,r)的值更改画笔的颜色,b＝蓝色,g＝绿色, r＝红色。

✧ flags:绘图功能的标识设置。

2) 示例

用 ORB 算法对图像". /image/tv. jpg"进行关键点检测。

```
import numpy as np
import cv2 as cv
from matplotlib import pyplot as plot
#1 读取图像
img = cv. imread('. /image/tv. jpg')


#2 ORB 角点检测
#2.1 实例化 ORB 对象
orb = cv. xfeatures2d. orb_create(nfeatures = 500)
#2.2 检测关键点,并计算特征描述符
kp,des = orb. detectAndCompute(img,None)


print(des,shape)


#3 将关键点绘制在图像上
```

```
img2 = cv.drawKeypoints(img,kp,None,color = (0,0,255),flags = 0)
```

＃4 绘制图像
```
plt.figure(figsize = (10,8),dpi = 100)
plt.imshow(img2[:,:,::-1])
plt.show()
```

运行结果如图 4.29 所示。

图 4.29　ORB 算法关键点检测

>>>本节总结

1. FAST 算法
- 原理:若一个像素周围有一定数量的像素与该点像素值不同,则认为该像素为角点。
- API:cv2.FastFeatureDetector_create()。
2. ORB 算法
- 原理:ORB 算法是 FAST 算法和 BRIEF 算法的结合。
- API:cd2.ORB_create()。

第5章

视 频 操 作

本章主要内容
➢ OpenCV 视频读写；
➢ OpenCV 视频追踪。

5.1　视频读写

▷▷▷学习目标◁

- 掌握读取视频文件、显示视频、保存视频文件的方法。

5.1.1　从文件中读取视频

1. 基础指令及 API

利用 OpenCV 读取一个视频，常用到以下指令及 API 函数。

1）创建读取视频的对象

```
cap = cv2.VideoCapture(filepath)
```

参数：

◇ filepath:视频文件路径。

2）视频的属性信息

（1）获取视频的某些属性

```
retval = cap.get(propId)
```

参数：

◇ propId:属性的索引,通常取从 0 到 18 的数字,每个数字表示视频的不同属性,其常用值对应的视频属性如表 5.1 所示。

表 5.1　常用的 propId 值对应的视频属性

索引	flags	意义
0	cv2. CAP_PROP_POS_MSEC	视频文件的当前位置（ms）
1	cv2. CAP_PROP_POS_FRAMES	帧位置,从 0 开始记录索引帧
2	cv2. CAP_PROP_POS_AVI_RATIO	视频文件的相对位置（0 表示开始,1 表示结束）
3	cv2. CAP_PROP_FRAME_WIDTH	视频流的帧宽度
4	cv2. CAP_PROP_FRAME_HEIGHT	视频流的帧高度
5	cv2. CAP_PROP_FPS	帧率
6	cv2. CAP_PROP_FOURCC	编解码器四字符代码
7	cv2. CAP_PROP_FRAME_COUNT	视频文件的帧

（2）修改视频的属性信息

```
cap.set(propId,value)
```

参数：

◇ propId:属性的索引。

◇ value:修改后的属性值。

3）判断图像是否读取成功

```
isornot = cap.isOpened()
```

返回：

◇ isornot:若读取成功则返回 True,否则返回 False。

4）获取视频的一帧图像

```
ret,frame = cap.read()
```

返回：

✧ ret：若获取成功返回 True,获取失败则返回 False。

✧ frame：获取到的某一帧的图像。

5）调用 cv2.imshow()显示图像

在显示图像时调用 cv2.waitKey()设置适当的持续时间。如果持续时间太短视频会播放得非常快,如果太长就会播放得非常慢,通常情况下设置为 25 ms。

6）调用 cap.release()释放视频

2. 读取视频并播放示例

```
import numpy as np
import cv2 as cv
from matplotlib import pyplot as plot
#1 获取视频对象
cap = cv.VideoCapture('DOG.wmv')
#2 判断是否读取成功
while(cap.isOpened())
#3 获取每一帧图像
ret,frame = cap.read()
#4 获取成功显示图像
if ret == True
    cv.imshow('frame',frame)
#5 每一帧间隔 25 ms
if cv.waitKey(25)& 0xFF == ord('q')
    break
#6 释放视频对象
cap.release()
cv.destoryAllwindows()
```

5.1.2 保存视频

利用 OpenCV 保存视频使用的是 VideoWriter 对象,需要在其中指定输出文件的名称。

1. 基础指令及 API

1）创建视频写入的对象

```
out = cv2.VideoWriter(filename,fourcc,fps,frameSize)
```

参数：

◇ filename：视频保存的位置。

◇ fourcc：指定视频编解码器的 4 字节代码。

◇ fps：帧率。

◇ frameSize：帧大小。

2）设置视频的编解码

```
retval = cv2.VideoWriter_fourcc(c1,c2,c3,c4)
```

参数：

◇ c1,c2,c3,c4：是视频编解码器的 4 字节代码，在 fourcc 中能找到可用代码列表。这些代码与平台紧密相关，常用的有以下 4 种。

　☞ 在 Windows 系统中：DIVX(.avi)。

　☞ 在 OS 系统中：MJPG(.mp4)、DIVX(.avi)、X264(.mkv)。

3）读写某一帧图像

利用 cap.read()获取视频中的每一帧图像，并使用 out.write()将某一帧图像写入视频。

4）使用 cap.release()和 out.release()释放资源

2. 示例

```
import numpy as np
import cv2 as cv


#1 读取视频
cap = cv.VideoCapture('DOG.wmv')


#2 获取图像的属性（宽和高），并将其转换为整数
frame_width = int(cap.get(3))
```

```
frame_height = int(cap.get(4))

#3 创建保存视频的对象,设置编码格式、帧率、图像的宽和高等
out = cv.VideoWriter('outpy.avi',cv.VideoWriter_fourcc('M','J','P','G'),
10,(frame_width,frame_height))
while(True):
    #4 获取视频中的每一帧图像
    ret,frame = cap.read()
    if ret == True:
        #5 将每一帧图像写入输出文件
        out.write(frame)
    else:
        break

#6 释放资源
cap.release()
out.release()
cv.destoryAllWindows()
```

▶▶▶■ 本节总结 ▷

1. 读取视频
   - 读取视频:cv2.VideoCapture(filepath)
   - 判断是否读取成功:cap.isOpened()
   - 获取一帧图像:ret,frame=cap.read()
   - 获取属性:cap.get(proId)
   - 设置属性:cap.set(proId,value)
   - 资源释放:cap.release()

2. 保存视频
   - 创建视频写入对象:cv2.VideoWriter()
   - 将源视频的帧图像写入输出文件:out.wirte()
   - 资源释放:out.release()

5.2　视 频 追 踪

- 理解 MeanShift 算法的原理；
- 了解 CamShift 算法；
- 能够使用 MeanShift 算法和 CamShift 算法进行目标追踪。

5.2.1　MeanShift

1. 原理

MeanShift 算法的原理很简单。假设有一堆点集和一个小的窗口，这个窗口可能是圆形的，现在要将这个窗口移动到点集密度最大的区域中，如图 5.1 所示。最开始的窗口在 C1 所示的圆环区域，C1 的圆心用一个正方形标注，命名为 C1_o，而窗口中所有的点构成的点集的质心在圆点 C1_r 处，显然圆环窗口的圆心和质心并不重合。所以，移动圆环窗口，使得圆心与之前得到的质心重合。在新移动后的圆环区域中再次寻找圆环中点集的质心，然后再次移动。通常情况下，圆心和质心是不重合的，不断执行上面的移动过程，直到圆心和质心大致重合结束。这样，最后圆环窗口会落到像素分布最大的地方，也就是图 5.1 中的 C2 所在处。

MeanShift 算法除了可以应用在视频追踪中，在聚类、平滑等各种涉及数据以及非监督学习的场合中均有重要应用，是一个应用广泛的算法。

图像是一个矩阵信息，如何在一个视频中使用 MeanShift 算法追踪一个运动的物体呢？大致流程如下。

第一步：在图像上选定一个目标区域。

第二步：计算目标区域的直方图分布，一般计算 HSV 色彩空间的直方图。

第三步：对下一帧图像 b 同样计算直方图分布。

第四步：计算图像 b 中与目标区域直方图分布相似的区域，使用 MeanShift 算法将目标区域沿着相似的区域进行移动，直到找到最相似的区域，这就完成了在图像 b 中的目标追踪。

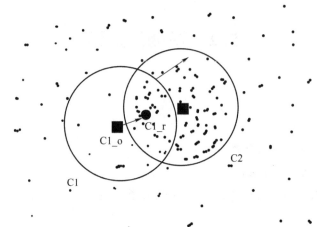

图 5.1　MeanShift 原理

第五步:重复第三步和第四步的操作,直到完成整个视频的目标追踪。

通常情况下,我们使用直方图反向投影方法得到的图像和第一帧目标对象的起始位置,目标对象的移动在直方图反向投影图中会有所反应,这样就利用 MeanShift 算法把窗口移动到反向投影图像中灰度密度最大的区域了,如图 5.2 所示。

图 5.2　MeanShift 运动物体追踪

假设有一张 100×100 的输入图像和一张 10×10 的模板图像,利用直方图反向投影方法查找的过程如下。

第一步:从输入图像左上角的(0,0)开始,切割一块(0,0)至(10,10)的临时图像。

第二步:生成临时图像的直方图。

第三步:用临时图像的直方图和模板图像(0,0)处的像素值进行对比。

第四步:直方图对比结果 c,就是结果图像(0,0)处的像素值。

第五步:切割输入图像从(0,1)至(10,11)的临时图像,对比直方图,并记录到结果图像中。

第六步:重复第一至第五步直到输入图像的右下角,就形成了直方图的反向投影。

2. 实现

1) API

```
cv2.meanShift(probImage,window,criteria)
```

参数:

◇ probImage:ROI 区域,即目标区域的直方图的反向投影。

◇ window:初始搜索窗口,就是定义 ROI 的 rect。

◇ criteria:确定窗口搜索停止的准则。主要有迭代次数达到设置的最大值、窗口中心的漂移值大于某个设定的限制等。

在 OpenCV 中实现 MeanShift 的主要流程是:

第一步:读取视频文件。用 cv2.videoCapture()实现。

第二步:感兴趣区域设置。获取第一帧图像,并设置目标区域,即感兴趣区域。

第三步:计算直方图。计算感兴趣区域的 HSV 直方图,并进行归一化。

第四步:目标追踪。设置窗口搜索停止条件,直方图反向投影,进行目标追踪,并在目标位置绘制矩形框。

2) 示例

```
import numpy as np
import cv2 as cv


#1 读取视频
cap = cv.VideoCapture('DOG.wmv')


#2 获取第一帧图像,并指定目标位置
ret,frame = cap.read()
```

```
#2.1 目标位置(行、高、列、宽)
r,h,c,w = 197,141,0,208
track_window = (c,r,w,h)
#2.2 指定目标的感兴趣区域
roi = frame[r,r + h,c,c + w]


#3 计算直方图
#3.1 转换色彩空间(HSV)
hsv_roi = cv.cvtColor(roi,cv.COLOR_BGR2HSV)
#3.2 去除低亮度的值
#mask = cv.inRange(hsv_roi,np.array((0,60,32)),np.array((180,255,255)))
#3.3 计算直方图
rou_hist = cv.calcHist([hsv_roi],[0],None,[180],[0,180])
#3.4 归一化
cv.normalize(roi_hist,roi_hist,0,255,cv.NORM_MINMAX)


#4 目标追踪
#4.1 设置窗口搜索终止条件:最大迭代次数,窗口中心漂移最小值
term_crit = (cv.TERM_CRITERIA_EPS | cv.TERM_CRITERIA_COUNT,10,1)


while(True)
    #4.2 获取每一帧图像
    ret,frame = cap.read()
    if ret == True:
        #4.3 计算直方图的反向投影
        hsv = cv.cvtColor(frame,cv.COLOR_BGR2HSV)
        dst = cv.calcBackProject([hsv],[0],roi_hist,[0,180],1)

        #4.4 进行 MeanShift 追踪
        ret,track_window = cv.meanShift(dst,track_window,term_crit)

        #4.5 将追踪的位置绘制在视屏上,并进行显示
        x,y,w,h = track_window
```

```
        img2 = cv.rectangle(frame,(x,y),(x + w,y + h),255,2)
        cv.imshow('frame',img2)

        if cv.waitKey(60) & 0xFF = = ord('q'):
            break
    else
        break
#5 释放资源
cap.release()
cv.destoryAllWindows()
```

图 5.3 中展示了三帧图像的跟踪结果。

图 5.3　视频中的图像追踪

5.2.2　CamShift

对于图 5.3 所示的结果,可以提出 MeanShift 算法在视频图像追踪中的一个缺点,即及时检测窗口的大小是固定的,而视频中小狗位置由近及远是一个逐渐变小的过程,固定的窗口尺寸是不合适的。所以,我们需要根据目标的大小和角度对窗口和角度进行修正。CamShift 算法可以帮我们解决这个问题。

CamShift 算法的全称是"Continuously Adaptive Mean-Shift"(连续自适应MeanShift),是对 MeanShift 算法的改进算法,可随着跟踪目标的大小变化实时调整搜索窗口的大小,具有较好的跟踪效果。

CamShift 算法首先应用 MeanShift 算法的步骤,一旦 MeanShift 算法收敛,它就会更新窗口的大小,还能计算最佳拟合椭圆的方向,从而根据目标的位置和大小更新搜索窗口,如图 5.4 所示。

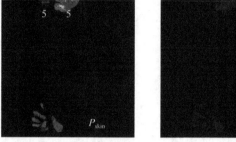

（a）MeanShift窗口初始化　　（b）ROI椭圆估计：宽、高±5个像素（c）基于P_{skin}二阶积分的椭圆计算

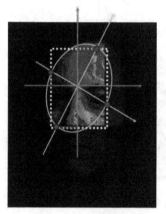

（d）椭圆轴投影的新MeanShift窗口　　（e）重新进行均值平均　　（f）更新MeanShift窗口

（g）重复直至收敛　　（h）将结果显示在图像上

图 5.4　CamShift 算法人脸检测过程

CamShift 算法在 OpenCV 中实现时,只需将上述的 MeanShift 函数改成 CamShift 函数,将 MeanShift 中的:

```
＃进行 MeanShift 追踪
ret,track_window = cv2.meanShift(dst,track_window,term_crit)

＃将追踪的位置绘制在视屏上,并进行显示
x,y,w,h = track_window
img2 = cv2.rectangle(frame,(x,y),(x+w,y+h),255,2)
```

改为:

```
＃进行 CamShift 追踪
ret,track_window = cv2.CamShift(dst,track_window,term_crit)

＃绘制追踪图像
pts = cv2.boxPoints(ret)
pts = np.int0(pts)
img2 = cv2.polylines(frame,[pts],true,255,2)
```

5.2.3 算法总结

MeanShift 算法和 CamShift 算法各有优势,自然也有劣势。二者的优缺点总结如下。

MeanShift 算法:简单、迭代次数少,但无法解决目标的遮挡问题,并且不能适应运动目标的形状和大小的变化。

CamShift 算法:可适应运动目标的大小和形状的改变,具有较好的跟踪效果,但当背景色和目标颜色接近时,容易使目标的区域变大,最终有可能导致目标跟踪失败。

>>>本节总结

1. MeanShift 算法
   - 原理:该算法使用迭代的步骤,即先算出当前点的偏移均值,移动该点到其偏移均值,然后以此为新的起始点,继续移动,直到满足一定的条件。

- API:cv2. meanShift()。
- 优缺点:简单、迭代次数少,但无法解决目标的遮挡问题,并且不能适应运动目标的形状和大小的变化。

2. CamShift 算法

- 原理:该算法是对 MeanShift 算法的改进,先应用 MeanShift 算法的步骤,一旦收敛,它就会更新窗口的大小,还能计算最佳拟合椭圆的方向,从而根据目标的位置和大小更新搜索窗口。
- API:cv2. CamShift()。
- 优缺点:可适应运动目标的大小、形状的改变,具有较好的跟踪效果,但当背景色和目标颜色接近时,容易使目标的区域变大,最终有可能导致目标跟踪失败。

第6章

人脸检测案例

本章主要内容

➤ 利用 OpenCV 进行人脸识别的流程及
  算法实现。

6.1　人脸检测基础

▶▶▶ 学习目标

- 了解利用 OpenCV 进行人脸检测的流程；
- 了解 Haar 特征分类器的内容。

使用机器学习的方法进行人脸检测时，首先需要大量的正样本图像（面部图像）和负样本图像（非面部图像）来训练分类器，即从其中提取特征。图 6.1、图 6.2、图 6.3中的 Haar 特征会被使用，就像前述的卷积核，每一个特征是一个值，这个值等于黑色矩形中的像素值之和减去白色矩形中的像素值之和。

Haar 特征的值反映了图像的灰度变化情况。例如，脸部的一些特征能由矩形特征简单描述：眼睛颜色要比脸颊深，鼻梁两侧颜色要比鼻梁深，嘴巴颜色要比周围深等。Haar 特征可用于图像任意位置，大小也可以任意改变，所以矩形特征值是矩形

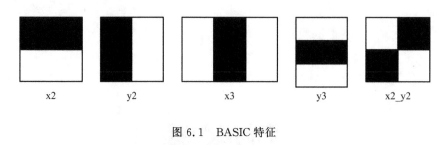

图 6.1 BASIC 特征

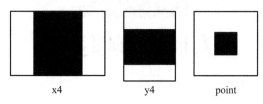

图 6.2 CORE 特征

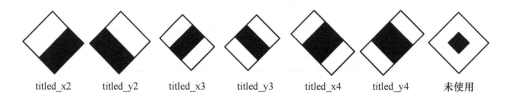

图 6.3 Titled 特征

模板类别、矩形位置和矩形大小这 3 个因素的函数。故模板类别、位置和大小的变化,使得很小的检测窗口含有非常多的矩形特征。图 6.4 显示了利用 CORE X4 特征内核检测人脸的过程。

特征平移+放大
黑白面积比不变

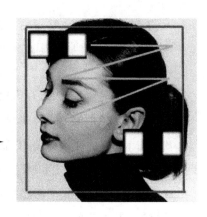

图 6.4 人脸检测

在得到图像的特征后,训练一个决策树构建的 adaboost 级决策器进行人脸检测,如图 6.5 所示。

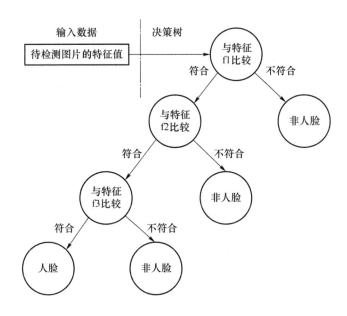

图 6.5 adaboost 级决策器

6.2 人脸检测的 OpenCV 实现

> 学习目标

- 掌握利用 OpenCV 进行人脸检测的方法。

OpenCV 自带已经训练好的检测器,包括面部检测器、眼睛检测器、猫脸检测器等,都保存在 XML 文件中,我们可以通过以下程序找到这些文件。找到的文件如图 6.6 所示。

```
import cv2 as cv
print(cv._file_)
```

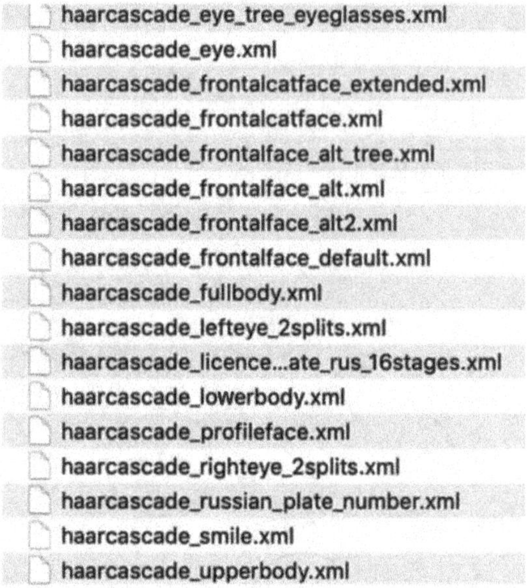

haarcascade_eye_tree_eyeglasses.xml
haarcascade_eye.xml
haarcascade_frontalcatface_extended.xml
haarcascade_frontalcatface.xml
haarcascade_frontalface_alt_tree.xml
haarcascade_frontalface_alt.xml
haarcascade_frontalface_alt2.xml
haarcascade_frontalface_default.xml
haarcascade_fullbody.xml
haarcascade_lefteye_2splits.xml
haarcascade_licence...ate_rus_16stages.xml
haarcascade_lowerbody.xml
haarcascade_profileface.xml
haarcascade_righteye_2splits.xml
haarcascade_russian_plate_number.xml
haarcascade_smile.xml
haarcascade_upperbody.xml

图 6.6　OpenCV 自带的检测器文件

利用这些文件进行人脸、眼睛识别的检测流程如下。

第一步：读取图片，并将其转换成灰度图。

第二步：实例化人脸和眼睛检测的分类器，对应的程序如下。

```
# 实例化级联分类器
classifier = cv2.CascadeClassifier("haarcascade_frontalface_default.
xml")
# 加载分类器
classfier.load("haarcascade_frontalface_default.xml")
```

第三步：进行人脸和眼睛的检测，对应的 API 函数如下。

```
 rect = classifier.detectMultiScale(gray, scaleFactor, minNeighbors,
minSize,maxSize)
```

参数：

◇ gray：要进行检测的人脸图像。

◇ scaleFactor：前后两次扫描中，搜索窗口的比例系数。

◇ minNeighbors：目标至少被检测到 minNeighbors 次才会被认为是目标。

◇ minSize 和 maxSize：目标的最小尺寸和最大尺寸。

第四步：将检测结果绘制出来。

综上所述，利用 OpenCV 进行人脸和眼睛检测的程序如下。

```
import cv2 as cv
import matplotlib.pyplot as plt
plt.rcParams['font.sans-serif'] = ['SimHei']
#1.以灰度图的形式读取图片
img = cv.imread("./image/10.jpeg")
gray = cv.cvtColor(img,cv.COLOR_BGR2GRAY)

#2.实例化 OpenCV 人脸和眼睛识别的分类图
face_cas = cv.CascadeClassifier('haarcascade_frontalface_default.xml')
face_cas.load('haarcascade_frontalface_default.xml')

eyes_cas = cv.CascadeClassifier('haarcascade_eye.xml')
eyes_cas.load('haarcascade_eye.xml')

#3.调用识别人脸
faceRects = face_cas.detectMultiScale(gray,scaleFactor = 1.2,minNeighbors = 3,minSize = (32,32))

for faceRect in faceRects：
    x,y,w,h = faceRect
    #框出人脸
    cv.rectangle(img,(x,y),(x+h,y+w),(0,255,0),3)
    #4.在识别出的人脸中进行眼睛的检测
    roi_color = img[y:y+h,x:x+w]
    rou_gray = gray[y:y+h,x:x+w]
    eyes = eyes_cas.detectMultiScale(rou_gray)
    for(ex,ey,ew,eh) in eyes：
        cv.rectangle(roi_color,(ex,ey),(ex+ew,ey+eh),(0,255,0),2)
```

#5.检测结果的绘制

plt.figure(figsize = (8,6),dpi = 100)

plt.imshow(img[:,:,::-1]),plt.title('检测结果')

plt.show()

运行结果如图 6.7 所示。

检测结果

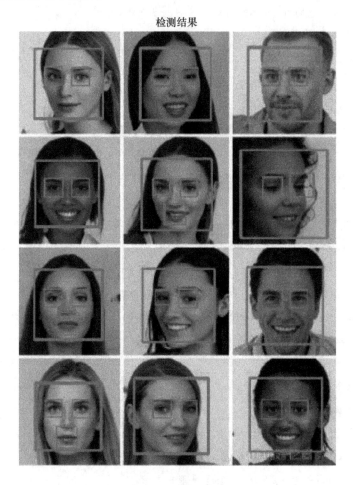

图 6.7　检测结果

我们也可以在视频中对人脸进行检测,检测程序如下。

```
import cv2 as cv
import matplotlib.pyplot as plt
```

```
#1.读取视频
cap = cv.VideoCapture("movie.mp4")
#2.在每一帧数据中进行人脸识别
while(cap.isOpened())
    ret,frame = cap.read()
    if ret == True：
        gray = cv.cvtColor(frame,cv.COLOR_BGR2GRAY)
        #3.实例化 OpenCV 人脸识别的分类器
        face_cas = cv.CascadeClassifier("haarcascade_frontalface_
default.xml")
        face_cas.load('haarcascade_frontalface_default.xml')
        #4.调用识别人脸
        faceRects = face_cas.detectMultScale(gray,scaleFactor = 1.2,
minNeighbors = 3,minSize = (32,32))
        for faceRect in faceRects
            x,y,w,h = faceRect
            #框出人脸
            cv.rectangle(img,(x,y),(x + h,y + w),(0,255,0),3)
        cv.imshow("frame",frame)
        if cv.waitKey(1) & 0x == ord('q')
            break
#5.释放资源
cap.release()
cv.destoryAllWindows()
```

>>>**本节总结**>

OpenCV 中人脸识别的流程如下。

第一步：读取图片,并将其转换成灰度图。

第二步：实例化人脸和眼睛检测的分类器。

```
＃实例化级联分类器
classifier = cv2.CascadeClassifier("haarcascade_frontalface_default.xml")
＃加载分类器
classfier.load('haarcascade_frontalface_default.xml')
```

第三步：进行人脸和眼睛的检测。

```
 rect = classifier.detectMultiScale(gray, scaleFactor, minNeighbors,
minSize,maxsize)
```

第四步：将检测结果绘制出来。

第7章

OpenCV 在林业中的应用

本章主要内容

➢ 图像处理在林业检测中的应用场景介绍；

➢ 林地郁闭度检测和林木圆形度检测；

➢ 林地综合分析及图像处理技术在林地分析中的展望。

7.1 图像处理技术在林业中的应用

学习目标

• 了解图像处理技术在林业检测中的应用场景。

计算机图像处理技术在林业中有着广泛的应用价值。

7.1.1 林地火灾检测

林火对林地造成的损失很严重,轻则大片林地被毁,重则不仅林地被毁,还会造成大气污染和消防事故,因此国内外科学研究机构、高等学校的大量科研人员都进行了利用林地图像对林火进行早期检测的研究。

国外的 Bosque 公司推出了 BSDS 系统,该系统利用两个监控摄像头采集林地的普通图像和红外图像,利用图像处理算法判别林地火灾情况,同时利用红外摄像头区别其他干扰因素,大大降低了火灾的误报率。Magnox Electric 公司和 ISLI 公司共同研发了 VSD-8 电站火灾检测系统,该系统利用人工智能技术以视频运动检测软件为主体,使用各种滤波技术进行火灾判断。

国内科研机构、高校实验室、公司等对于利用图像处理技术对林火进行监测也有一定的研究成果。中国科学技术大学火灾科学国家重点实验室和科大立安公司联合研制了 LIAN-DC 双波段火灾探测器,该探测器通过了相关方面的检测并投入了实际应用,科大实验室在森林火情方面的检测水平处于国内领先地位。LIAN-DC 火灾监测系统主要应用红外摄像机拍摄图像进行监测分析,监测系统比较容易受到其他因素干扰。

到目前为止,国内外基于图像进行火灾探测的系统算法还存在比较多的问题,误报率较高,需要对图像处理算法持续改进,以减少误判率。

7.1.2 林地病虫害检测

森林面积广阔并且病虫害暴发的时间不规律,所以森林病虫害检测工作较为费事、费时并且枯燥乏味。许多严重病虫害的发生是没有注重平时的防疫工作导致的,难以及时遏制。可以采用数字图像处理的方法对林地图像进行检测来预防病虫害的发生,好的图像处理算法不仅能解放工作人员,还能对病虫害的类型进行辨别,及时对灾情进行预报,方便林区工作人员及时做出应对措施,抑制病虫害的暴发。

7.1.3 绘制/编制林地分布图

为了合理经营林场,需要绘制林地分布图(用于描述林地种类、空间分布等的专门植被图)。在摄影技术出现以前,编制林地分布图需要耗费大量的人力、物力对地面进行大量的测量工作。后来随着摄影、遥感等技术的发展,大部分地面测量工作被取消。许多国家都用正摄图作为林地的基本图,为了编制一整个区域详细、完整的正摄图,需要用相机对整个林场进行航线扫描,许多图片区域重合,这个时候就会用到计算机图像处理中的图像拼接和融合技术,提取相同区域的重要信息进行融合,最终将许多张有重叠部分的图像拼成高质量的大型无缝高分辨率图。

7.1.4　林地郁闭度检测

郁闭度指林地中植株的树冠在阳光直射下在地面的总投影面积(冠幅)与此林地总面积的比,它能反映林地的密度。我们可以采集林地正摄的树冠图片,计算出的树冠面积与树木在阳光直射下地面上的投影面积应该是一致的。郁闭度超过 0.70(含 0.70)的郁闭林为密林,郁闭度在 0.20~0.69 为中度郁闭,小于 0.20(不含 0.20)为疏林。

我们可以用 OpenCV 图像处理技术计算图片中的林木面积和图片中的林地面积,再将两者相比,即可得到林地的郁闭度。

7.1.5　林地密度检测

林地密度是林业术语之一,即求单位面积上的植株棵数。

我们可以通过 OpenCV 图像处理技术求出图片中的林木植株棵数与林地面积的比值,得到林地密度。

7.1.6　林地林木圆形度检测

圆形度是图像处理中相当重要的概念,常用于特征提取和描述。

一块区域的圆形度的计算方式为区域面积乘以 4π 再除以区域周长的平方,即:

$$e = \frac{4\pi \times \text{面积}}{\text{周长} \times \text{周长}}$$

当 e 为 1 时,图像为圆形;e 越小,图像形状越不规律,与圆形的差距越大。

求出每棵树的圆形度,就可以知道每棵树的形状是否规则。圆形度越大,则表示这棵树越美观。林农可以考虑优先售卖这些树冠比较美观的植株,或者修剪树冠不是很美观的植株。

在 OpenCV 中,我们可以通过求植株连通区域的面积和周长得到该植株的圆形度,为林农售卖提供参考。

7.1.7 林地健康状况分析

进行林地健康状况的判断,需要在前期训练两个特征库:一个是健康林木颜色库,另一个是不健康林木颜色库。当判断某区域林地健康状况时,把拍摄的图片和特征库中的图片进行比对,(根据颜色差异等)判断林地是否存在病虫害情况。

除上述方面外,OpenCV 图像处理技术在林地检测中还有很多应用,并且各种应用场景也在不断被探索研究,随着计算机处理能力的不断提升和 OpenCV 图像处理算法的不断改进,相信未来会有越来越多的场景可以应用图像处理来完成。下一节中,我们主要从林地郁闭度检测和林木圆形度检测两个方面研究 OpenCV 图像处理技术在林地检测方面的应用。

>>>本节总结>

本节介绍了 OpenCV 图像处理技术在林业中的应用场景,包括林地火灾检测、林地病虫害检测、绘制/编制林地分布图、林地郁闭度检测、林地密度检测、林地林木圆形度检测和林地健康状况分析。

7.2 林地郁闭度检测和林木圆形度检测

>>>学习目标>

• 利用 OpenCV 对林地图像进行处理,分析林地的郁闭度、植株密度、植株美观度、林地是否缺棵以及林区植株的健康状况。

7.2.1 读取图片

利用 OpenCV 图像读取函数读取要处理的林地图像,主要的操作是:读入图像,对图像文件的大小进行缩放处理,对图片进行窗口显示。

载入图片由于分辨率要求可能比较大,导致计算过程较慢,同时 OpenCV 中的一些处理操作(腐蚀、膨胀等操作)不适合较大的图像,因此应将原图进行等比例缩放,利用 OpenCV 中的 cv2.resize 调整得到缩放后的图像。缩放图像时需要将原图等比例缩放,以保证后续计算精度。

7.2.2　显示图像

利用 OpenCV 中的图像显示函数把图像显示在屏幕的正中央,方便操作人员观察处理。

7.2.3　分割参照物,计算林地面积

拍摄林地的正视图时,由于拍摄用飞行器的飞行高度不同,拍摄图片像素对应的林地面积会有所不同,所以需要事先在林地放置已知大小的参照物,通过参照物尺寸大小推算出林地的各项面积参数。在实际测量中,我们的参照物是一面已知大小的、颜色比较单一的旗帜,旗帜大小为 3 米×2 米,颜色为白色。

我们先将原图像转换成灰度图像,因为参照物旗帜是白色的,所以图像是不是彩色的对参照物的提取没有影响。转换成灰度图像后,为了使程序运算效率更高,还可以去除图像中的冗余信息。接下来选择合适的阈值对灰度图像进行二值化,因为参照物旗帜的灰度级在灰度图中属于较白的,所以我们在实验中将阈值 threshold 设为 220,即只要灰度值大于 220 就是旗帜的范围。在 OpenCV 中,我们用 cv2.Threshold 函数对图像进行二值化处理,用 cv2.NamedWindows 和 cv2.ShowImage 显示二值化后得到的图像,用形态学闭运算算法对二值化后的图像进行先膨胀(cv2.dilate)后腐蚀(cv2.erode)的处理,以填充物体中间的细小噪声空间等,并用中值滤波(cv2.Smooth)去除图像的噪声,调用 cv2.NamedWindows 和 cv2.ShowImage 显示形态学处理后的图像。

接下来对形态学处理后的图像进行下一步分析,找出参照物旗帜区域的位置。我们调用 OpenCV 中的 cv2.FindContours 寻找图像中的连通区域。遍历图像中的连通区域,存放最大连通区域以及这个区域对应的矩形区域就是系统需要得到的参照物旗帜区域。在处理过程中,我们需要对参照物旗帜进行筛选,系统认为若找到

的区域面积过小，则找到的连通区域是杂点而不属于检测出的目标区域。提取出参照物旗帜后，调用 OpenCV 中的 cv2.rectangle 将图像上绘出参照物的矩形区域标绿，调用显示函数显示图像。最后，用提取的参照物旗帜所在矩形区域的面积、整个图像的面积以及旗帜的实际尺寸信息即可计算出林地面积。

7.2.4　林木的提取与分割

在本实验中，我们分割的是人工林地的林木植株，经过实地考察和拍摄图片观察可知，林农一般会对林地进行除草作业，因此我们可以利用颜色特征进行林木植株的分割。取出图像的 RGB 值，分别存放在 R、G、B 中，由于本实验中要提取的是颜色分量，而且林木植株的颜色是绿色（不一定是单一绿色，有深绿、浅绿、墨绿等，需要设置一定的绿色范围），因此用"R>25 并且 G−B>25"判断图像是否在提取范围内，如果在范围内则将像素点设置为白色，反之则设置为黑色。在 OpenCV 中采用此方法需要先人为地建立一个林木植株的二值映射图像，再用 cv2.NamedWindows 和 cv2.ShowImage 显示系统对林木植株二值化得到的图像。

与参照物标定过程一样，接下来对二值化的图像进行先膨胀后腐蚀的形态学闭运算处理，填充物体中间的细小空间等，并且用中值滤波算法去除图像噪声。这样就完成了林区内的林木植株的分割操作。

7.2.5　计算林木植株的圆形度

利用 OpenCV 中的 cv2.FindContours 函数寻找图像中的连通区域，遍历图像中的连通区域，再调用 cv2.ContourArea 函数获取图像中所有连通区域的像素面积 A，接着调用 cv2.ArcLength 函数获取所有连通区域的周长 L，最后根据获得的像素面积和周长就可以利用圆形度计算公式计算得到对应连通区域的林木圆形度了。

7.2.6　林地郁闭度计算

将所有林木植株的面积进行累加得到林木植株总面积 S，将林木植株总面积除以前面计算出的林地面积即可得到林地郁闭度。

▷▷▷ 本节总结 ◁

本节以分析林地郁闭度和林木圆形度检测为例,介绍了 OpenCV 在林业分析中的应用。通过举例开阔读者思路,为更多地应用 OpenCV 图像处理技术提高林业分析的广度和深度打下基础。

有了上述林地基础数据,还可以进行林地植株密度分析、林地缺棵状况分析、林地健康状况等一系列林农或林区维护人员关心的技术指标分析,为更好地维护和管理林地提供必要的技术支持。

7.3　林地分析系统总结与展望

林地分析系统充分考虑了林农或林地管理者的需求,能够对林地的各项技术指标进行自动化分析,分析得出的林地郁闭度、林地密度、林木圆形度等技术指标能够为林地管理者提供可靠的判断依据,因此本系统是贴合现实需求的一项应用,有切实的应用价值,但是由于时间有限、技术有限,系统尚存在许多不足以及亟待完善和拓展的地方:

(1) 系统拍摄林地正视图时需要事先在林地放置参照物旗帜,这项工作比较耗时、耗力,后续系统可增加飞行器拍摄林地正视图时飞行器的拍摄高度测定值。通过该值直接计算拍摄林地的各项技术参数,就不需要再放置已知尺寸的参照物了,为林地参数的快速测量提供技术保障。

(2) 需要完善系统的交互功能。一个系统有了交互功能就会显得更加人性化,更能得到用户的欢迎和认可。后续在本系统中,可以实现手动点击参照物所在的区域对参照物进行标定,可以手动点击获取植株的颜色对植株进行分割,也可以实现在分割植株以后用户手动取消或者添加分割失误的植株,还可以在图像中手动圈出一个区域让系统判定这个区域的郁闭度是否达标,等等。

(3) 需要完善开发林地的其他技术指标分析功能。林地的其他各项参数都可以考虑用图像处理和机器视觉的方法进行分析。

附 录

本书涉及的 API 函数

序号	API 函数名称	功能	所在章节
1	imread(filepath,flags)	读取图像	2.1.1
2	imshow('image',img)	显示图像	2.1.1
3	imwrite(filename,img[,params])	保存图像	2.1.1
4	line(img,start,end,color,thickness)	绘制直线	2.1.2
5	circle(img,centerpoint,r,color,thickness)	绘制圆形	2.1.2
6	rectangle(img,leftupper,rightdown,color, thickness)	绘制矩形	2.1.2
7	putText(img,text,station,font,fontsize,color, thickness,cv.LINE_AA)	向图像中添加文字	2.1.2
8	img.shape	获取图像形状	2.1.4
9	img.size	获取图像尺寸	2.1.4
10	img.dtype	获取图像类型	2.1.4
11	split(img)	图像通道拆分	2.1.5
12	merge(b,g,r)	图像通道合并	2.1.5
13	cvtColor(input_image,flag)	图像色彩空间转换	2.1.6
14	add(img1,img2)	图像相加	2.2.1
15	addWeight(img1,0.7,,img2,0.3,0)	图像混合	2.2.2
16	resize(src,dsize,fx,fy,interpolation)	图像缩放	3.1.1
17	warpAffine(img,M,dsize)	图像平移	3.1.2
18	getRotationMatrix2D(center,angle,scale)	图像变换-获取图像旋转矩阵	3.1.3

序号	API 函数名称	功能	所在章节
19	warpAffine(img1,M,(cols,rows))	图像变换-根据 M 矩阵执行图像操作	3.1.3
20	getAffineTransform(pts1,pts2)	图像变换-获取图像仿射变换矩阵	3.1.4
21	getPerspectiveTransform (src, dst, solveMethod)	图像透射变换-获取图像投射变换矩阵	3.1.5
22	warpPerspective (src, M, dsize, dst = None, flags=None, borderMode=None, borderValue=None, solveMethod=None)	图像透射变换-执行透射变换	3.1.5
23	pyrUp(img)	对图像进行上采样	3.1.6
24	pyrDown(img)	对图像进行下采样	3.1.6
25	erode(img,kernel,iterations)	图像腐蚀操作	3.2.2
26	dilate(img,kernel,iterations)	图像膨胀操作	3.2.2
27	blur(src,ksize,anchor,borderType)	图像均值滤波	3.3.2
28	GaussianBlur (src, ksize, sigmax, sigmay, borderType)	图像高斯滤波	3.3.2
29	mediaBlur(src,ksize)	图像中值滤波	3.3.2
30	calcHist (image, channels, mask, histSize, ranges[,hist[,accumulate]])	统计图像直方图	3.4.1
31	equalizeHist(img)	图像直方图均衡化	3.4.2
32	creatCLAHE(clipLimit,tileGridSize)	图像直方图自适应均衡化	3.4.2
33	Sobel (src, ddepth, dx, dy, dst, ksize, scale, delata,borderType)	图像边缘检测-Sobel	3.5.2
34	Laplacian(src,ddepth[,dst[,ksize[,scale[,deltal[,borderType]]]]])	图像边缘检测-Laplacian	3.5.3
35	Canny(image,threshold1,threshold2)	图像边缘检测-Canny	3.5.4
36	matchTemplate(img,template,method)	图像模板匹配	3.6.1
37	HoughLines(img,rho,theta,threshold)	霍夫线检测	3.6.2
38	HoughCircles (image, method, dp, minDist, param1,param2,minRadius,maxRadius)	霍夫圆检测	3.6.2
39	dft(src, dst, flags, nonzeroRows)	傅里叶变换	3.7.2
40	idft(src, dst, flags, nonzeroRows)	傅里叶反变换	3.7.2
41	cornerHarris(src,blockSize,ksize,k)	角点检测-Harris	4.2.1
42	goodFeaturesToTrack (image, maxConers, qualityLevel,minDistance)	角点检测-Shi-Tomasi	4.2.2

序号	API 函数名称	功能	所在章节
43	sift. detectAndCompute(gray, none)	SIFT 检测算法	4.3.8
44	drawKeypoints(image, keypoints, outputimage, color, flags)	绘制关键点	4.3.8
45	FastFeatureDetector_creat(threshold, nonmaxSuppression)	FAST 算法	4.4.1
46	fast. detect(grayImag, None)	FAST 算法检测关键点	4.4.1
47	xfeatures2d. orb_create(nfeatures)	ORB 算法	4.4.2
48	VideoCapture(filepath)	创建视频读取对象	5.1.1
49	get(propId)	获取视频的属性	5.1.1
50	set(propId, value)	修改视频属性信息	5.1.1
51	isOpened()	判读图像是否读取成功	5.1.1
52	read()	获取视频的一帧	5.1.1
53	VideoWriter(filename, fourcc, fps, frameSize)	创建视频写入对象	5.1.2
54	VideoWriter_fourcc(c1, c2, c3, c4)	视频写入	5.1.2
55	meanShift(probImage, window, criteria)	Meanshift 函数	5.2.1
56	CamShift(dst, track_window, term_crit)	Camshift 函数	5.2.2
57	CascadeClassifier("haarcascade_frontalface_default. xml")	实例化级联分类器	6.2
58	classfier. load('haarcascade_frontalface_default. xml')	加载分类器	6.2
59	classifier. detectMultiScale(gray, scaleFactor, minNeifhbors, minSize, maxSize)	人脸和眼睛检测	6.2